让钩编更好玩！

无限创意花样图集

Patchwork Crochet

日本 E&G 创意 / 编著
舒舒 / 译

中国纺织出版社有限公司

目录Contents

三角形花片 △

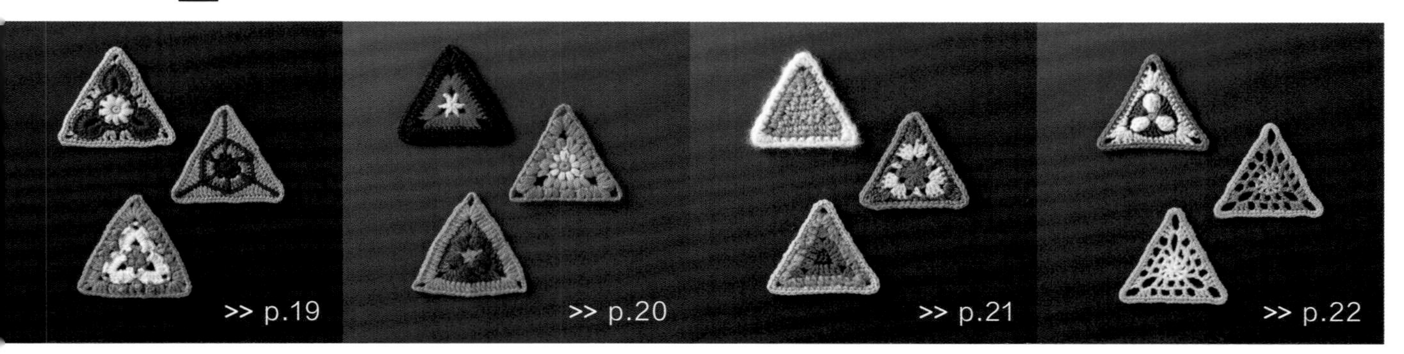

正方形花片 □

长方形花片 ▭

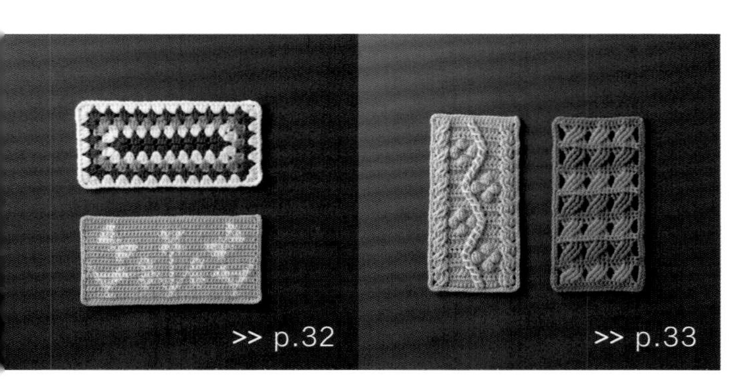

六边形花片 ⬡

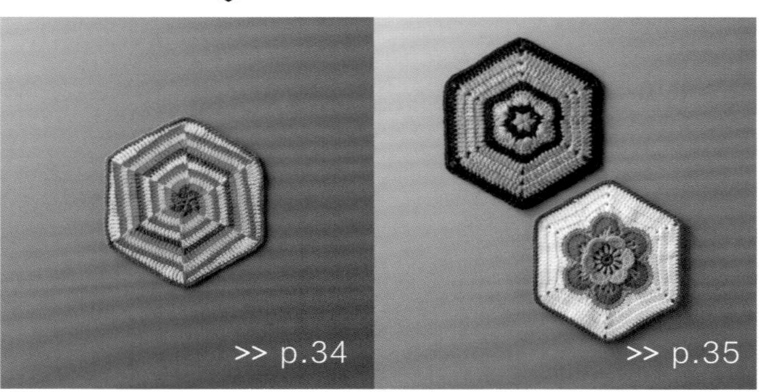

毛毯

△ + □ + ⬡

使用花片 >> 11,25,39

制作方法 >> p.40

边缘曲线优美流畅的一条毛毯。
其中的三角形花片和正方形花片均为镂空花样，
设计上不会显得过于厚重。

设计&制作 • 丰秀环奈（TOYOHIDEKANNA）

假领

△+□

使用花片 >> 11,25

制作方法 >> p.48

这款假领使用与p.4毛毯相同的花片。
即使是图解相同的花片，只要改变线材和连接方式，
也可以形成丰富的变化。

设计&制作 ● 丰秀环奈（TOYOHIDEKANNA）

室内鞋

□

使用花片 >> 21

制作方法 >> p.50

使用单一的正方形花片就能制作的室内鞋。
作品A使用5/0号钩针，作品B使用6/0号钩针，
调整尺寸的方法如此简单。
可将各种各样的正方形花片应用在此作品中。

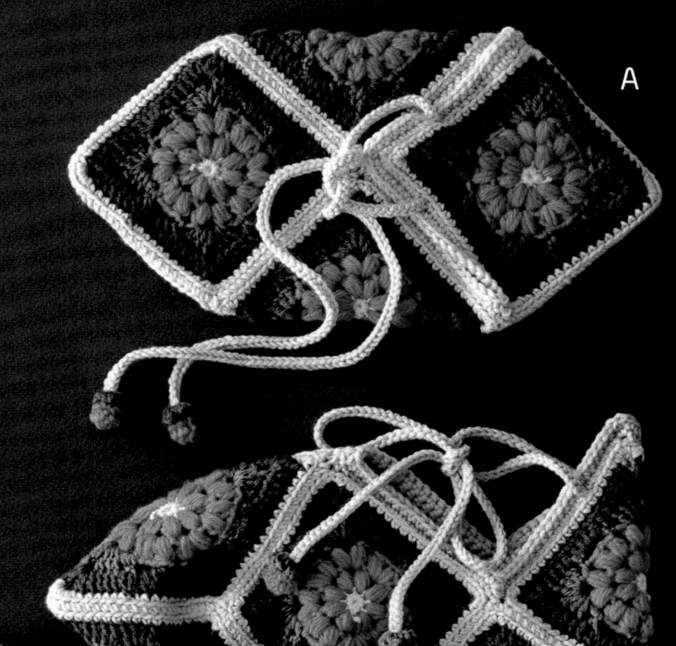

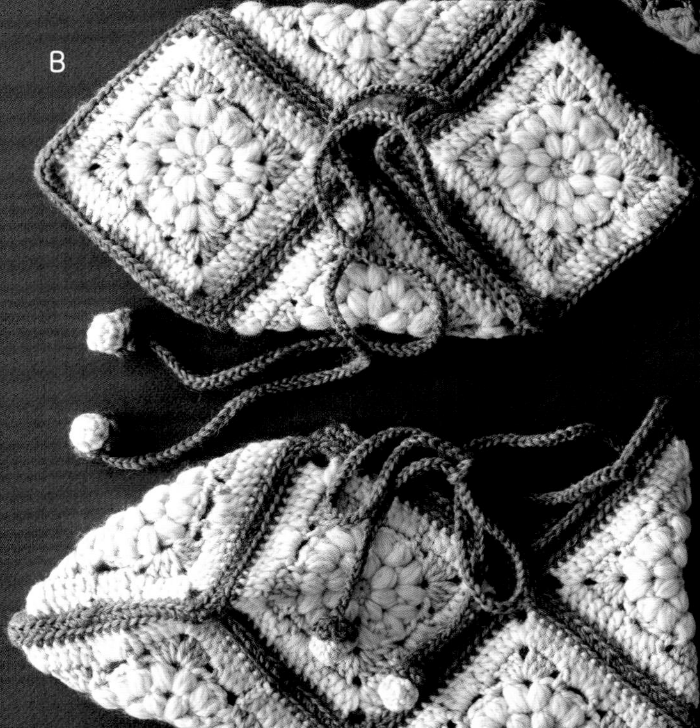

设计&制作 ● 冈真里子

抱枕

△ + □ + ▭

使用花片 >> 7,8,9,10,19,20,21,22,27,28

制作方法 >> p.49

这款抱枕的正面和反面共使用了10种花片。
可试着改变颜色、减少花片的种类，
做出自己喜爱的款式。

设计&制作 • 冈真里子

包袋A

△ + □ + ▭

使用花片 >> 1,2,13,14,36,37

制作方法 >> p.42

惹眼又漂亮的包袋，是时尚的亮点。
使用单色毛线编织的话，会给人更加沉稳的感觉。

设计&制作 ● 镰田惠美子

包袋B

使用花片 >> 41

制作方法 >> p.44

将六边形的花片连接成一个包袋，
简单又可爱。
立体的花朵是设计的亮点。

设计&制作 ● 远藤裕美

茶杯垫

△+⬡

使用花片 >> 3,40

制作方法 >> p.51

使茶饮时光变得愉快的茶杯垫。
只要编织三角形花片和六边形花片，
就能做出一套杯垫来。

设计 • 冈本启子　制作 • 宫崎满子

多功能小包

△ + ▭

使用花片 >> 4,5,6,35

制作方法 >> p.46

大小不一的多功能小包。
根据包袋的用途来增加或减少花片的数量。

设计 • 冈本启子　制作 • 宫崎满子

围巾

□ + ▭

使用花片 >>

15,16,17,18,31,32,33,34

制作方法 >> p.52

阿伦花样花片、配色提花花片、立体花片。
8 种花片变换颜色来组合。
围巾随着佩戴方向的不同在身前展示出不同的风格，成为穿搭中最为抢眼的存在。

设计&制作 ● 河合真弓

迷你地毯

使用花片 >> 23,24,29,30

制作方法 >> p.53

A

B

这条可爱的迷你地毯运用了圈圈针、枣形针等针法，充满立体感。
改变线材，编织成夏天用的地毯，也会非常出彩。

设计&制作 ● 池上舞

本书介绍了边长为10cm的三角形、正方形、长方形（短边长度）、六边形这四种形状的花片以及以这些花片组合创作的作品。

由于花片的尺寸提前已经统一了，因此p.4～17的作品可以使用教程之外的花片，制作出只属于自己的原创作品。

使用同样粗细的毛线，只要改变颜色，就会制作出完全不同的花片或作品。

请自由地改变组合方式，一边享受制作的过程，一边制作只属于自己的独特作品。

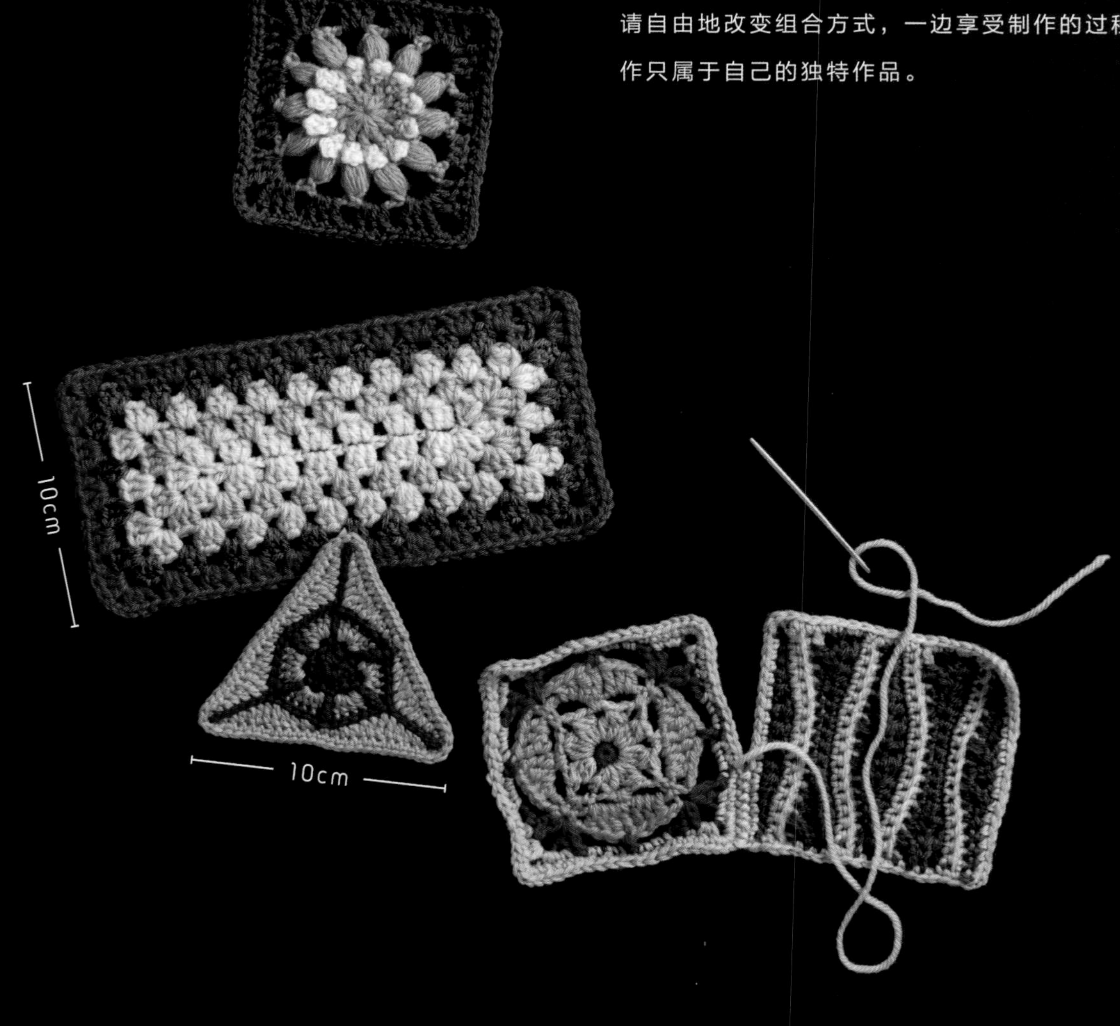

三角形花片
Triangle

1

2

3

制作方法 >> 1,2／p.54　3／p.55

设计&制作 ● 1,2／镰田惠美子
3／设计 ● 冈本启子　制作 ● 宫崎满子

制作方法 >> 4／p.55　5,6／p.56

设计 • 冈本启子　制作 • 宫崎满子

7

8

9

制作方法 >> 7,8／p.57　9／p.58

设计&制作 ● 冈真里子

△ 三角形

制作方法 >> 10／p.58　11,12／p.59

设计&制作 ●
10／冈真里子　11,12／丰秀环奈（TOYOHIDEKANNA）

正方形花片

Square

13

14

15

制作方法 >> 13,15／p.60　14／p.61

设计&制作 ●
13,14／镰田惠美子　15／河合真弓

16

17

18

制作方法 >> 16／p.61　17,18／p.62

设计&制作 ● 河合真弓

19

20

21

制作方法 >> 19,20／p.63　21／p.64

设计&制作 • 冈真里子

22

23

24

制作方法 >> 22／p.64　23.24／p.65

设计&制作：22/冈本启子

25

26

制作方法 >> 25,26／p.66

设计&制作 • 丰秀环奈（TOYOHIDEKANN

长方形花片

Rectangle

27

28

制作方法 >> 27,28／p.67

设计&制作 • 冈真里子

29

30

制作方法 >> 29,30／p.68

设计&制作 ● 池上舞

31

32

制作方法 >> 31,32／p.69

设计&制作 ● 河合真弓

33

34

制作方法 >> 33,34／p.70

设计&制作 • 河合真弓

35

36

制作方法 >> 35,36／p.71

设计&制作 ●
35／设计 ● 冈本启子　制作 ● 宫崎满子　36／镰田惠美子

37

38

制作方法 >> 37,38／p.72

设计&制作 • 37／镰田惠美子　38／chicorii

六边形花片

Hexagon

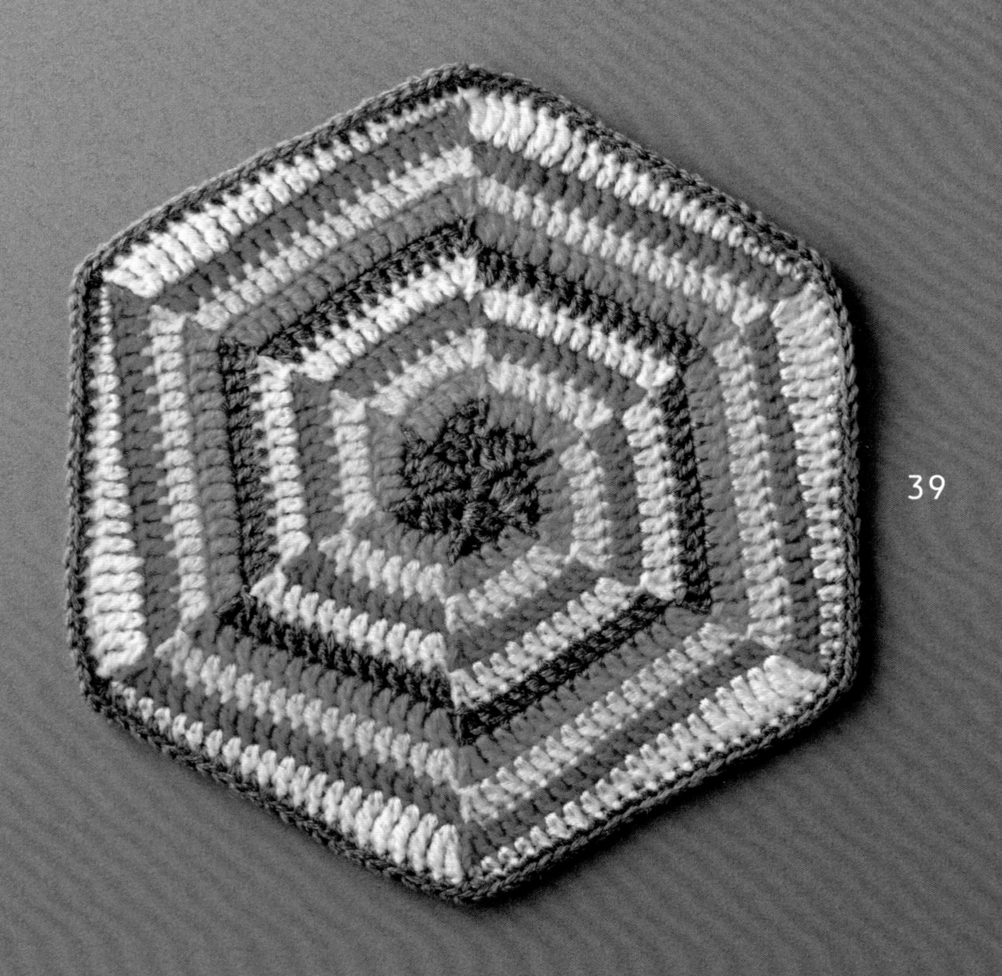

39

制作方法 >> 39／p.73

设计&制作 • 丰秀环奈（TOYOHIDEKANNA）

制作方法 >> 40／p.74　41／p.75

设计&制作 ●
40／设计 ● 冈本启子　制作 ● 宫崎满子　41／远藤裕美

基础教程　通用教程

针数不同的情况下做卷针缝合（将针数均等分配再缝合的方法）

● 针数的计算方法

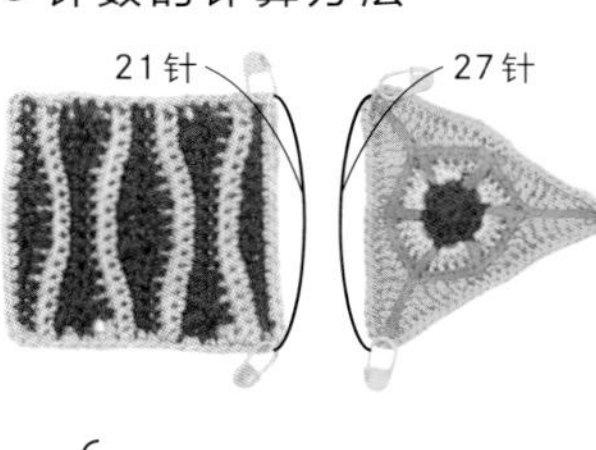

③ → ④
③
2　2
1　1
③ → ④
③
2　2
1　1

正方形花片21针
三角形花片27针的情况
27－21＝6
6+1＝7
21÷7＝3
正方形花片每个第3针对应三角形花片的2针进行卷针缝合。

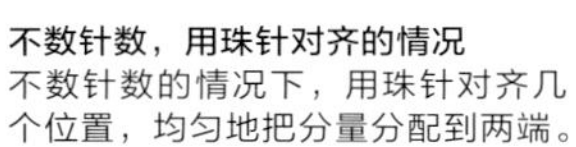
不数针数，用珠针对齐的情况
不数针数的情况下，用珠针对齐几个位置，均匀地把分量分配到两端。

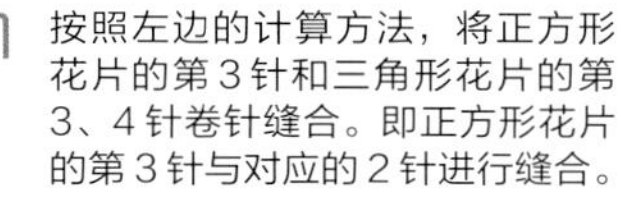
1 按照左边的计算方法，将正方形花片的第3针和三角形花片的第3、4针卷针缝合。即正方形花片的第3针与对应的2针进行缝合。

2 继续缝合至端点。将针数不同的花片进行均匀分配的缝合。

重点教程　作品的编织要点

2 三角形花片 第4行的编织方法

图片 >> p.19　**制作方法** >> p.54

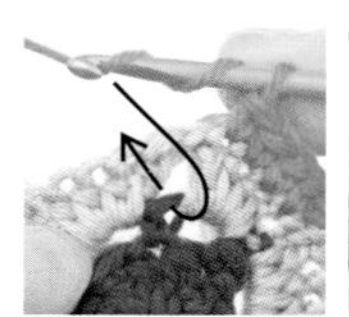
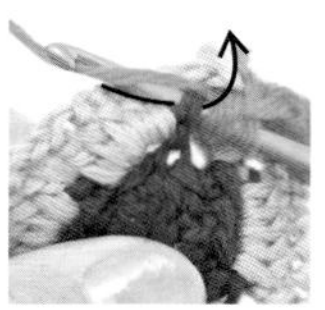

1 第4行先钩1针锁针和5针短针，如箭头方向插入钩针（左图）。钩针入针，钩长长针。

2 完成1针长长针（左图）。继续钩6针锁针（右图）。

3 钩1针锁针作为起立针，准备从锁针的里山处钩引拔针（左图）。完成引拔针（右图）。

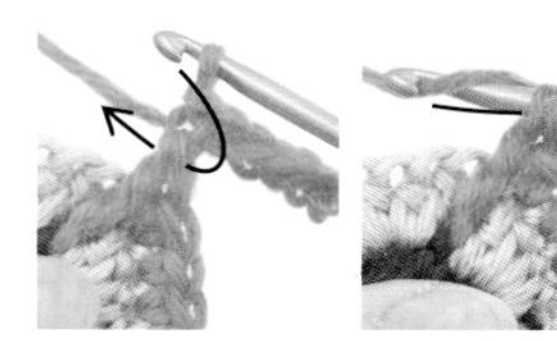

4 钩6针引拔针。如箭头方向，挑起长长针的2根线，钩引拔针（左图）。钩针的入针位置（右图）。

5 完成引拔针（左图）。按图解编织，完成第4行（右图）。

6 编织第5行，完成花片**2**。

3 三角形花片 第5行的编织方法

图片 >> p.19　**制作方法** >> p.55

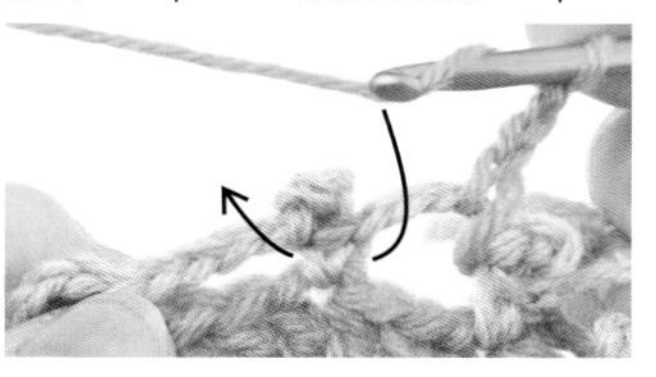

1 第5行先钩4针锁针，如箭头方向将前一行的短针整束挑起，钩外钩长针。

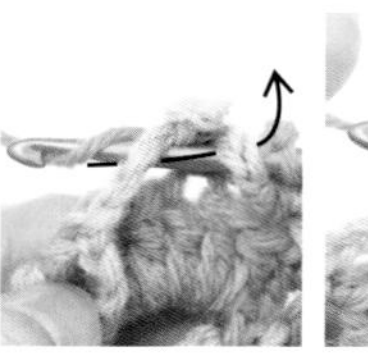

2 插入钩针（左图），挂线拉出（右图）。

3 完成1针外钩长针。

4 按图解编织，这是编织到一半的样子。

5 编织第5行，完成花片**3**。

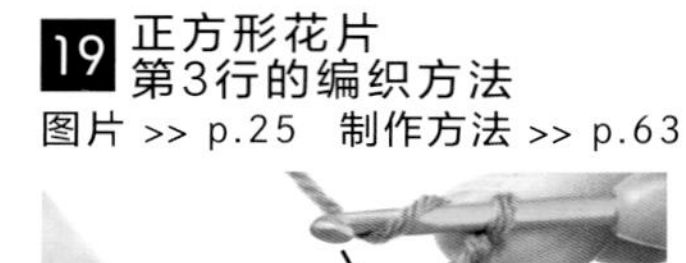

19 正方形花片 第3行的编织方法

图片 >> p.25　**制作方法** >> p.63

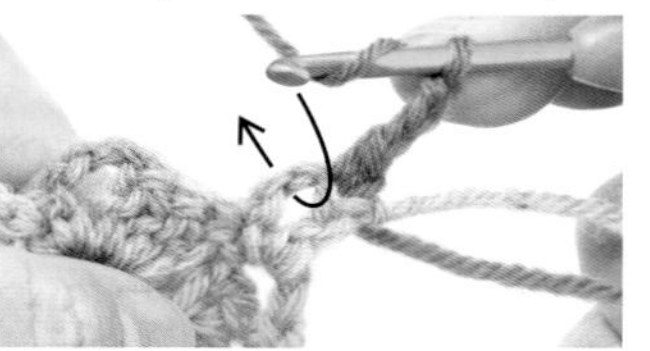

1 立起钩3针锁针，如箭头方向将前一行的2针锁针整束挑起，钩长针。

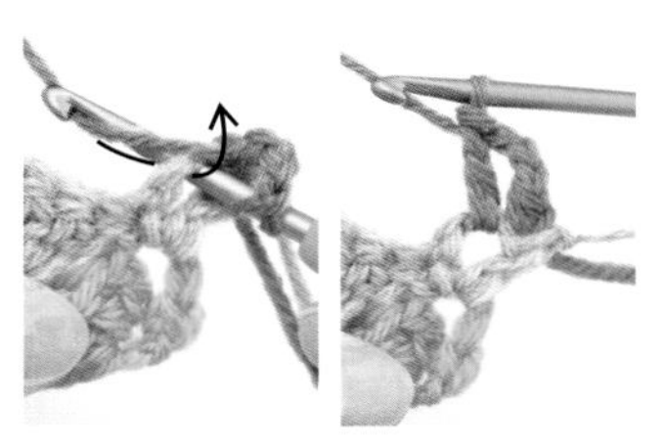

2 插入钩针（左图），完成1针长针（右图）。

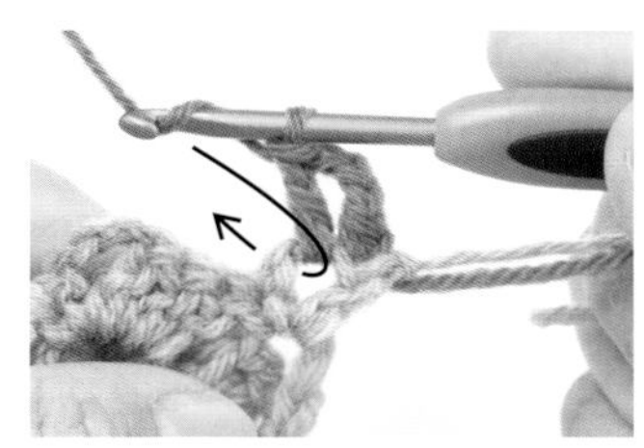

3 钩针挂线，再钩2针长针。

4 钩了3针长针后，如箭头方向将前一行的3针锁针整束挑起，准备钩短针。

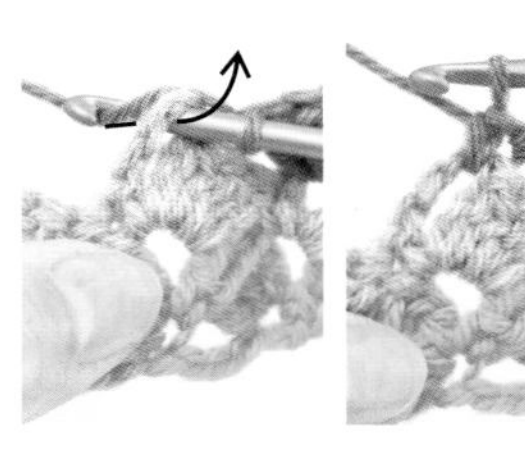

5 钩针入针（左图），完成1针短针（右图）。

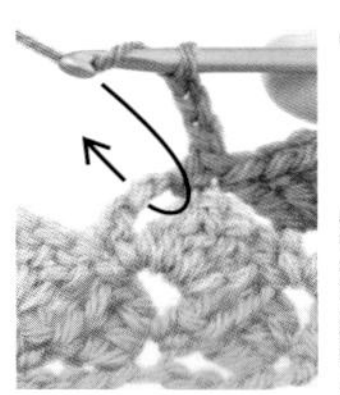

6 从钩短针的位置立起钩3针锁针，如箭头方向按步骤1、4的入针位置钩长针（左图）。完成1针长针（右图）。

7 钩了3针长针的样子。

8 重复步骤4~7，完成第3行。

22 正方形花片 第4行的编织方法

图片 >> p.26　制作方法 >> p.64

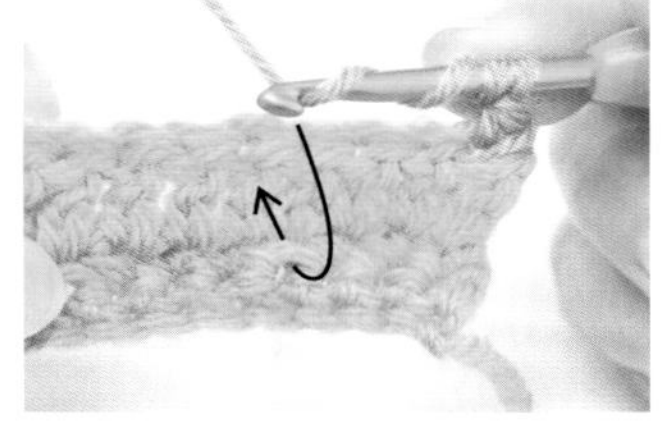

1 第4行立起钩1针锁针，钩1针短针，钩针挂线，如箭头方向从第1行的锁针处入针，准备钩三卷长针。

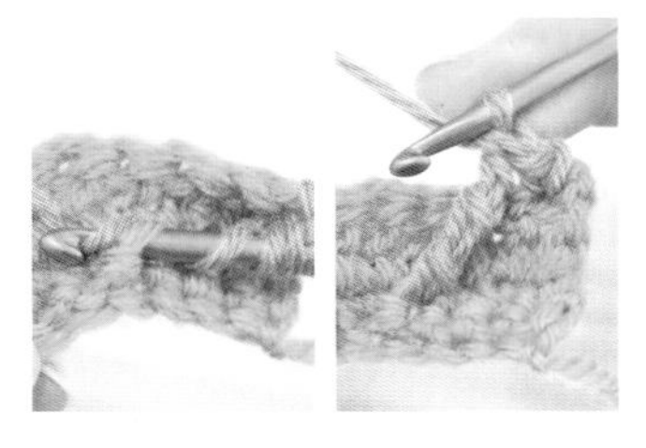

2 钩针入针（左图）。完成1针三卷长针（右图）。

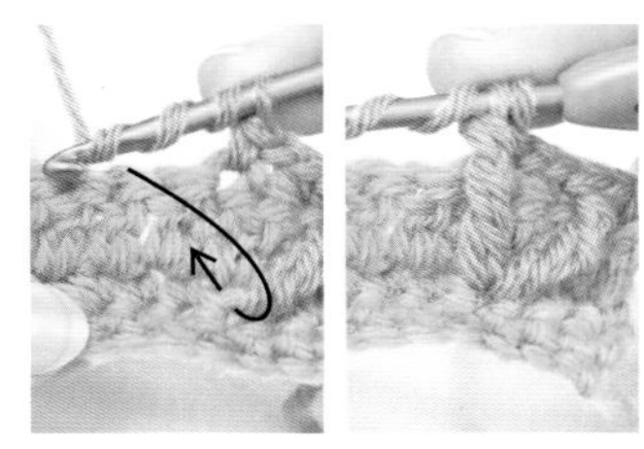

3 继续钩织短针、锁针、短针，同步骤2的入针位置，钩1针未完成的三卷长针（左图）。完成1针三卷长针（右图）。

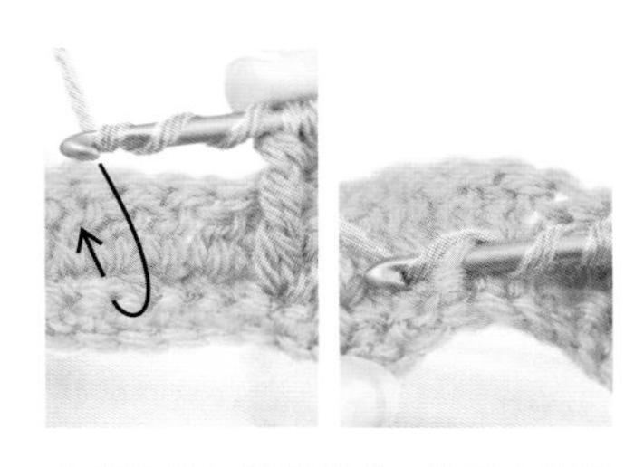

4 接下来，钩针挂线，如箭头方向入针，钩未完成的三卷长针。

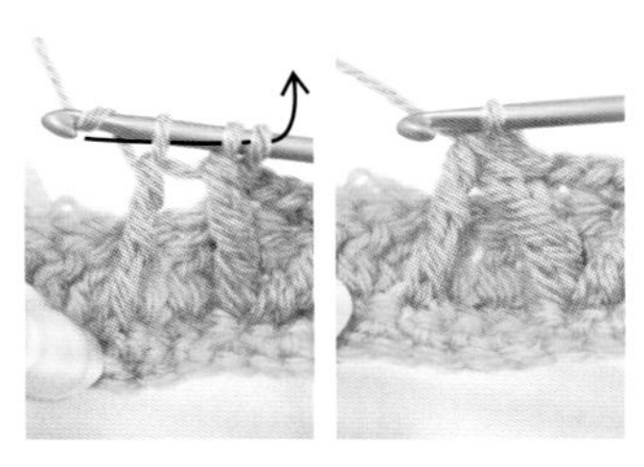

5 针头挂线，如箭头方向一次性拉出（左图）。完成三卷长针的2针并1针。

6 按照图解编织，完成第4行。

24 正方形花片（圈圈针）的编织方法

图片 >> p.26　制作方法 >> p.65

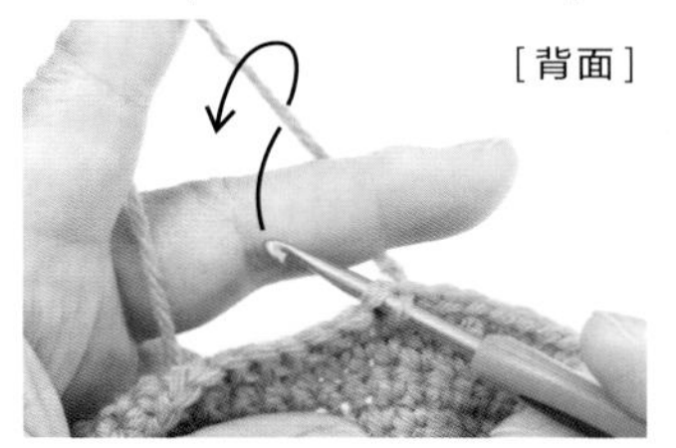

1 面朝织物的背面来编织。将钩针插入前一行的针脚，将左手中指压在毛线上，针头如箭头方向进行挂线。

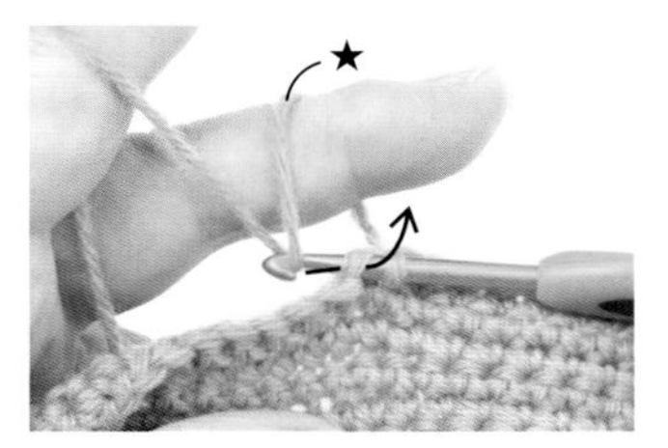

2 如箭头方向，将挂在中指上的线拉出。这个时候，关键要让挂线的松紧（★）保持均匀。

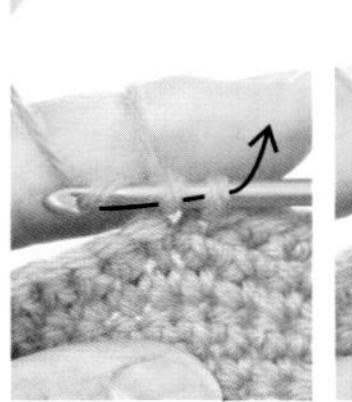

3 接下来，挂线拉出（左图）。完成短针的圈圈针（右图）。抽出中指，背面就会出现一个圈圈针。

27 长方形花片 的编织方法

图片 >> p.28 制作方法 >> p.67

4 挂在中指上的线拉出时松紧要保持均匀，使圈圈针的长度一致。

1 按顺序分别从●的位置入针，拉出线。

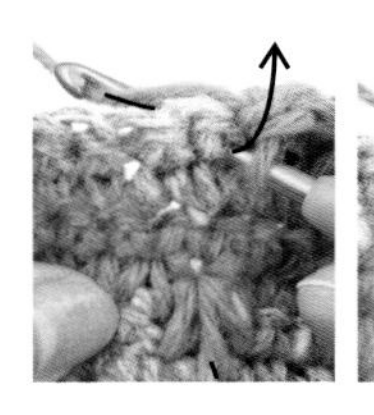

2 从位置1入针（左图），挂线拉出（右图）。

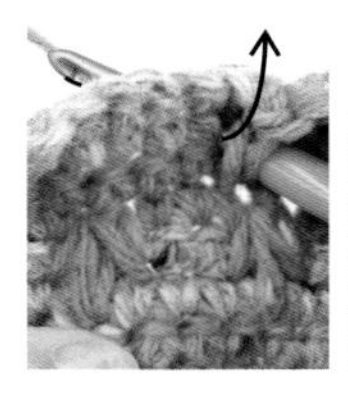

3 从位置2入针（左图），挂线拉出（右图）。

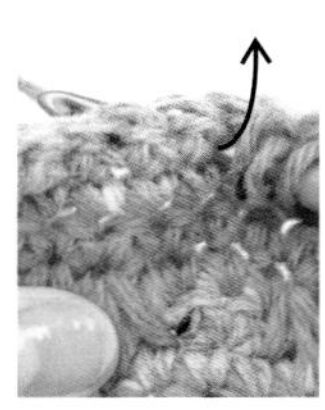

4 从位置3入针（左图），挂线拉出（右图）。

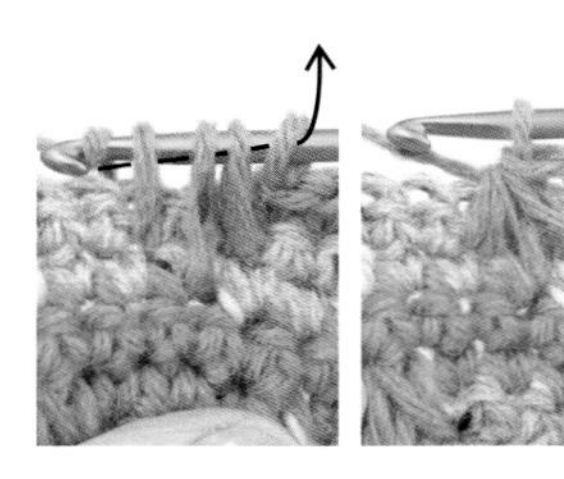

5 钩针上挂着3个线圈（左图），一次性拉出来（右图）。完成 。

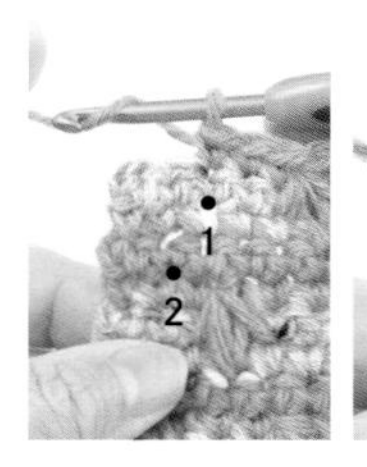

6 继续钩3针短针，按步骤1～5的要领如箭头方向按顺序入针，挂线拉出（左图），拉出线圈的样子（右图）。步骤1～5是从3个线圈中一起拉出，此处是从2个线圈中一起拉出。

7 从2个线圈中一次性拉出（左图）。继续按照图解编织（右图）。

34 长方形花片 的编织方法

图片 >> p.31 制作方法 >> p.70

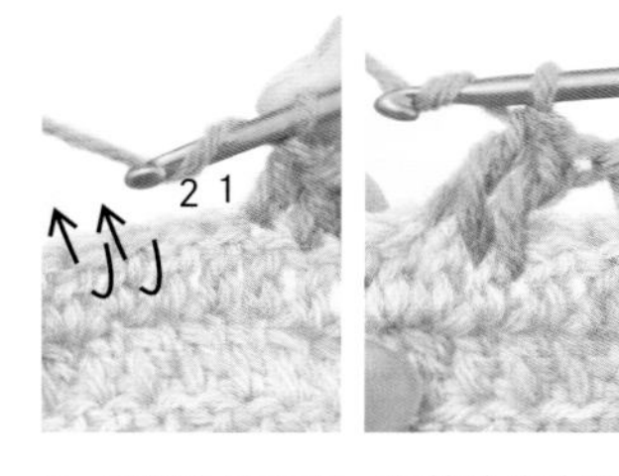

1 跳过2针不钩，如箭头方向钩2针外钩长针（左图）。完成后的样子（右图）。

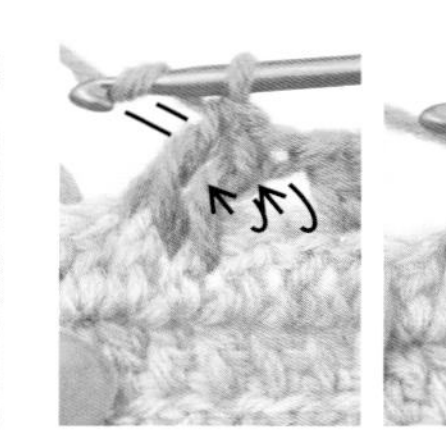

2 接下来，针头挂线，如箭头方向从跳过的那2针入针，钩2针长针（左图）。完成后的样子（右图）。

34 长方形花片 的编织方法

图片 >> p.31 制作方法 >> p.70

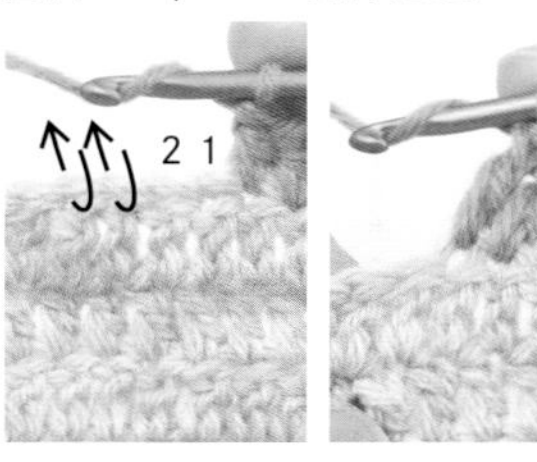

1 跳过2针不钩，如箭头方向钩2针长针（左图）。完成后的样子（右图）。

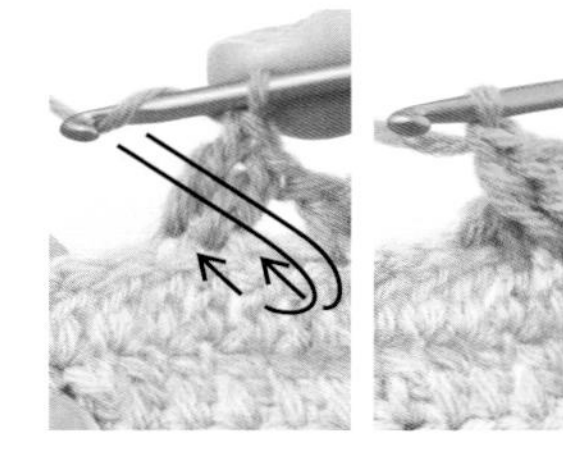

2 接下来，针头挂线，如箭头方向从跳过的那2针入针，钩2针外钩长针（左图）。完成后的样子（右图）。

34 长方形花片 的编织方法

图片 >> p.31 制作方法 >> p.70

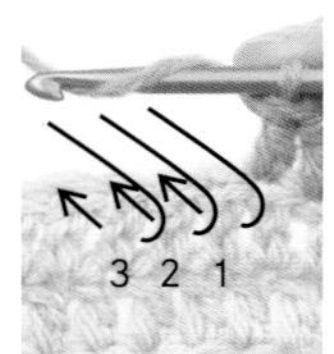

1 针头挂线，如箭头方向，按顺序入针（左图），钩未完成的外钩长针（右图）。

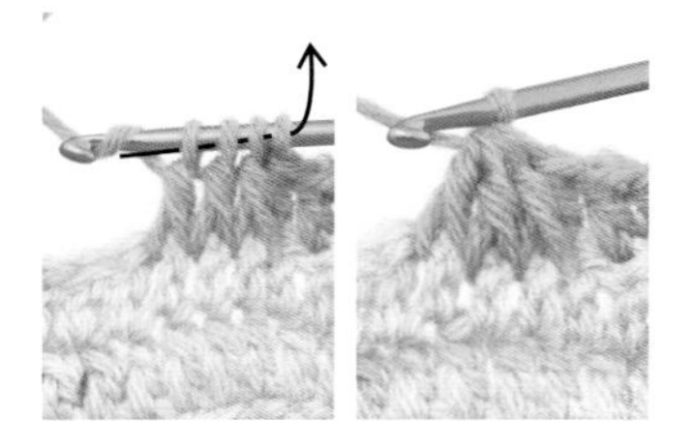

2 针头挂线，如箭头方向一次性拉出（左图）。完成后的样子（右图）。

34 长方形花片 的编织方法

图片 >> p.31 制作方法 >> p.70

1 针头挂线，如箭头方向入针（左图），钩1针外钩长针（右图）。将此步骤再重复2次。

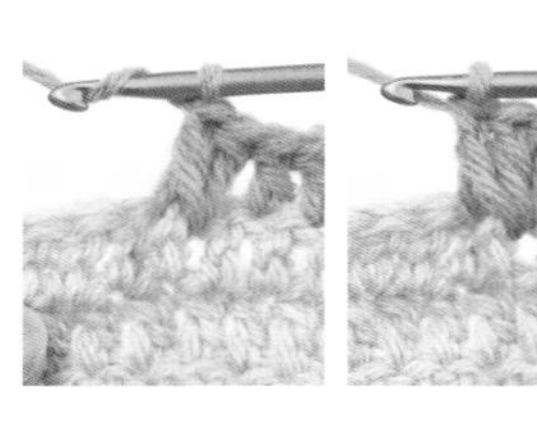

2 完成第2针（左图）。完成第3针（右图）。

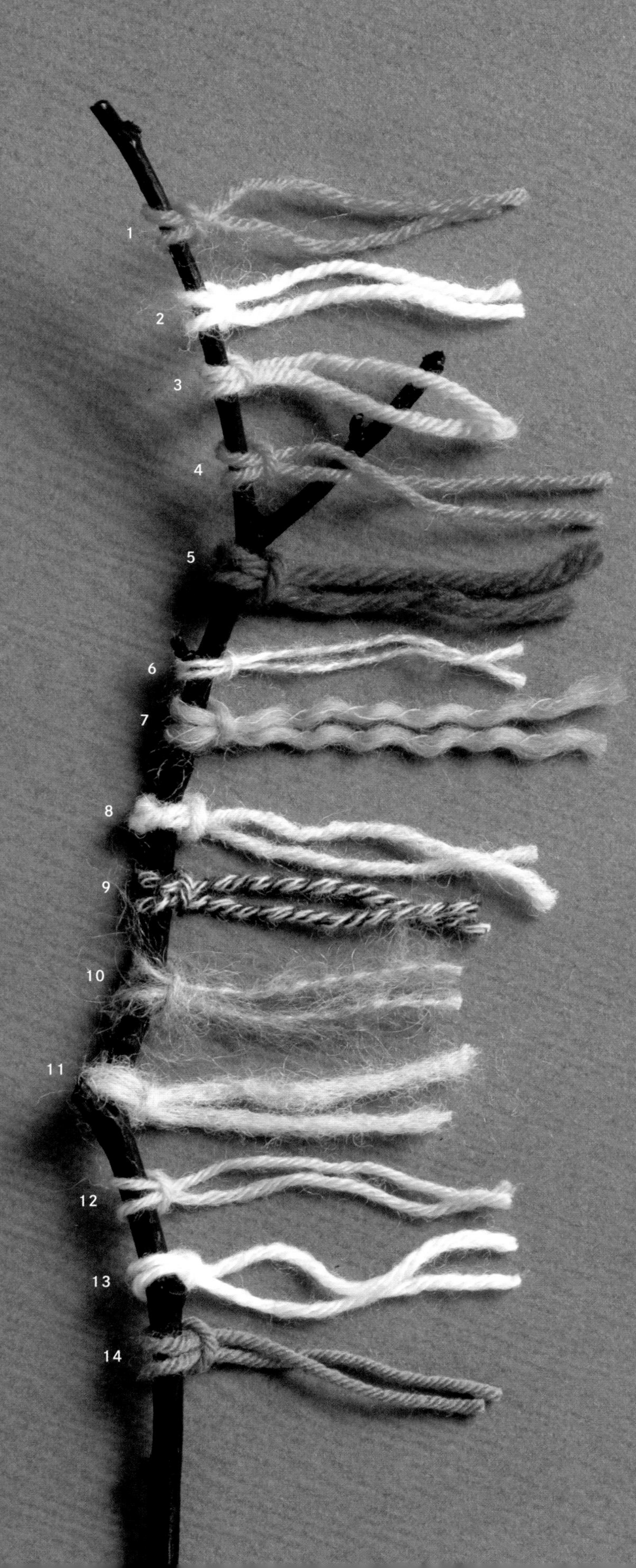

本书使用的线材介绍

图片为实物大

- 1~14，从左开始依次为 材质→规格→线长→颜色数量→适用针号。
- 颜色数量、为截至2022年12月的数据参考。
- 受印刷物影响，色差不可避免。
- 为方便读者查找，本书所有线材型号保留英文。

和麻纳卡株式会社·HAMANAKA

1 PICCOLO
腈纶100%，25g/团，约90m，53色，钩针4/0号。

2 SONOMONO（合太）
羊毛100%，40g/团，约120m，5色，钩针4/0号。

3 Amerry
羊毛70%（新西兰美利奴羊毛）、腈纶30%，40g/团，约110m，52色，钩针5/0号~6/0号。

4 Amerry F（合太）
羊毛70%（新西兰美利奴羊毛）、腈纶30%，30g/团，约130m，28色，钩针4/0号。

横田株式会社·DARUMA

5 Classic Tweed
羊毛100%，40g/团，约55m，9色，钩针8/0号~9/0号。

6 Dulcian 合细马海毛
马海毛100%，25g/团，约130m，22色，钩针3/0号~4/0号。

7 Gemou 原毛美利奴
羊毛100%（美利奴羊毛），30g/团，约91m，20色，钩针7/0号~7.5/0号。

8 Shetland Wool
羊毛100%（设得兰羊毛），50g/团，约136米，14色，钩针6/0号~7/0号。

9 空气羊驼
羊毛80%（美利奴羊毛）、羊驼20%（皇家婴羊驼），30g/团，约100m，13色，钩针6/0号~7/0号。

10 Wool Mohair
马海毛56%（小马海毛36%、超细小马海毛20%）、羊毛44%（美利奴羊毛），20g/团，约46m，14色，钩针9/0号~10/0号。

11 GEEK
羊毛56%、涤纶30%、羊驼14%，30g/团，约70m，9色，钩针9/0号~10/0号。

12 iroiro
羊毛100%，20g/团，约70m，50色，钩针4/0号~5/0号。

13 SOFT LAMBS 软羊毛
腈纶60%、羊毛40%（羔羊毛），30g/团，约103m，32色，钩针5/0号~6/0号。

14 Rambouillet Merino Wool
羊毛100%（兰布莱羊毛），50g/团，约145m，9色，钩针5/0号~7/0号。

毛毯　图片 >> p.4　使用花片 >> 11,25,39

【所需线材】
HAMANAKA SONOMONO（合 太）/巧克力（5）…160g；生成色（1）…140g
HAMANAKA Amerry F（合 太）/万寿菊黄（503）…20g；深红色（509）、薄荷绿（51）、皇室蓝（527）…各18g

【针】
钩针4/0号

【成品尺寸】
参照图解

【编织方法】
1 分别编织以下花片：4片A、8片B-3、B-1、2、4各7片，30片C-1，12片C-2。
2 参照图解排列花片，使用全针的卷针缝。
3 在作品四周（无须连接花片处）钩4行边缘花样。

B-3 8片　B-1、B-2、B-4 各7片
参照“p.66的正方形花片25”编织

配色表

行数	B-1	B-2	B-3	B-4
10	巧克力			
8、9	深红色	皇室蓝	万寿菊黄	薄荷绿
7	巧克力			
5、6	深红色	皇室蓝	万寿菊黄	薄荷绿
3、4	巧克力			
1、2	深红色	皇室蓝	万寿菊黄	薄荷绿

A 4片
参照“p.73的花片39”编织

配色表

行数	色名
11	巧克力
9、10	生成色
7、8	巧克力
5、6	生成色
3、4	巧克力
1、2	生成色

C-1 30片　C-2 12片
参照“p.59的三角形花片11”编织

配色表

C-1	C-2
生成色	巧克力

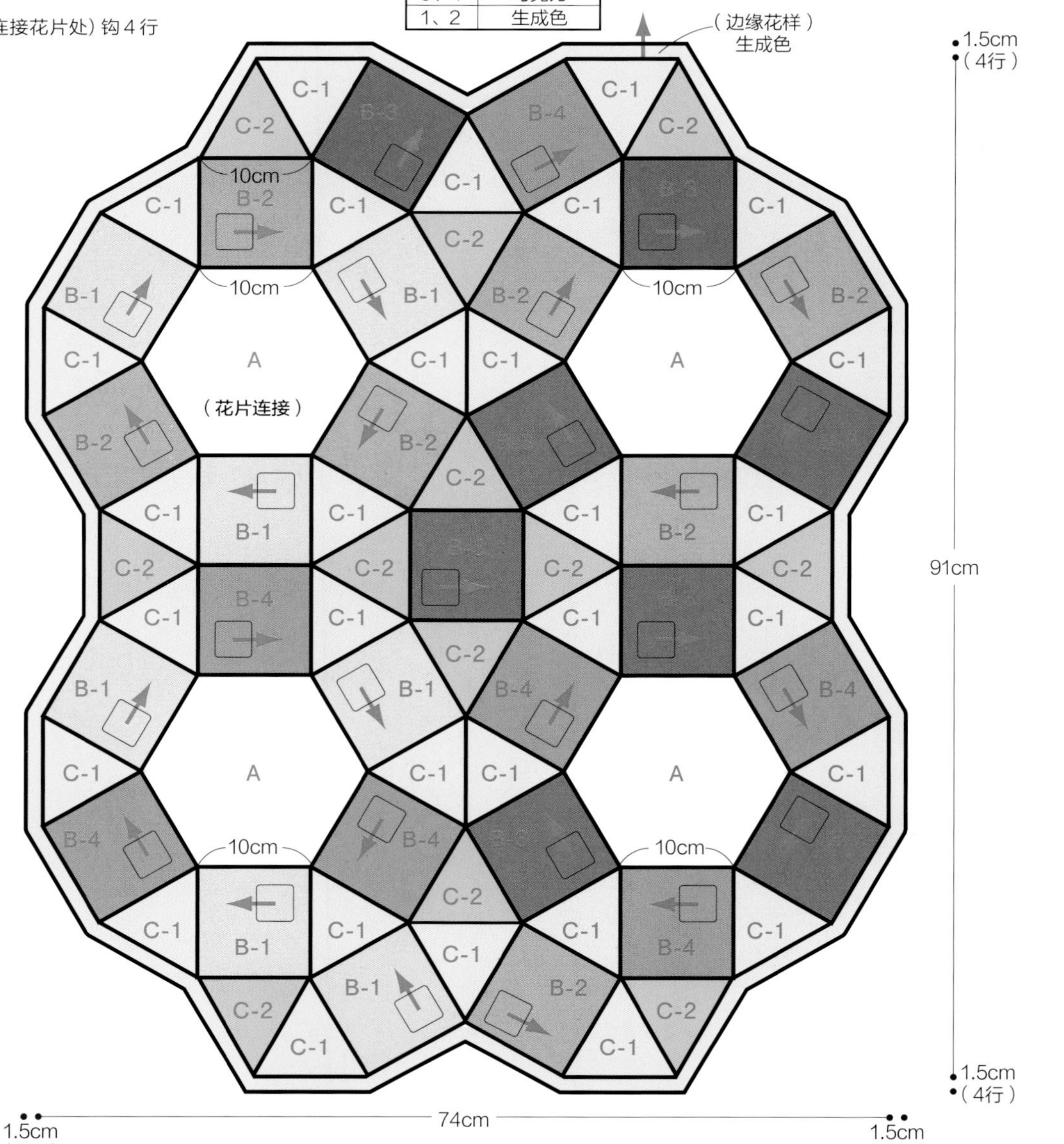

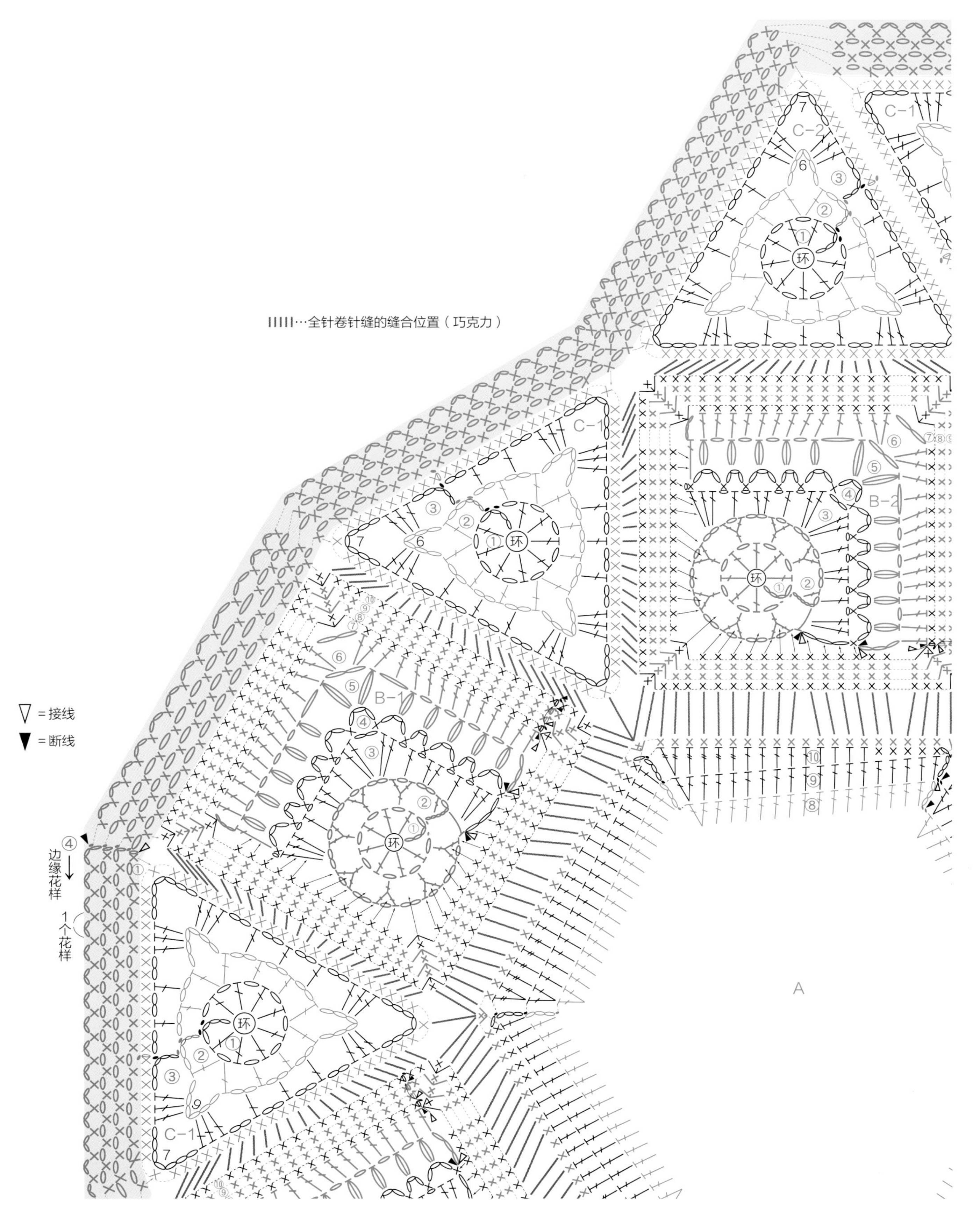

IIIII…全针卷针缝的缝合位置（巧克力）
▽ = 接线
▼ = 断线
边缘花样
1个花样
C-1
C-2
B-1
B-2
A
环

包袋A 图片 >> p.10 使用花片 >> 1,2,13,14,36,37

【所需线材】
DARUMA 软羊毛 / 绿松石（41）…30g；香草色（8）…25g；肉桂色（14）…15g；葡萄紫（30）、红色（35）、天空蓝（37）…各10g；生成色（2）、丁香紫（29）…各5g；烟蓝色（32）…2g；樱桃红（34）…少量
iroiro/ 布朗尼（11）…30g；新茶色（27）…20g；孔雀蓝（16）…15g；炼瓦色（16）…2g

【针】
钩针 4/0号、5/0号、6/0号

【成品尺寸】
参照图解

【编织方法】
1 分别编织以下花片：4片A、6片B，C～F各2片。
2 参照图解排列花片，使用全针的卷针缝缝合。
3 围绕上侧开口处钩4行边缘花样作为边饰。
4 参照图解钩2根提手。在主体部分内侧的指定位置进行缝合连接。

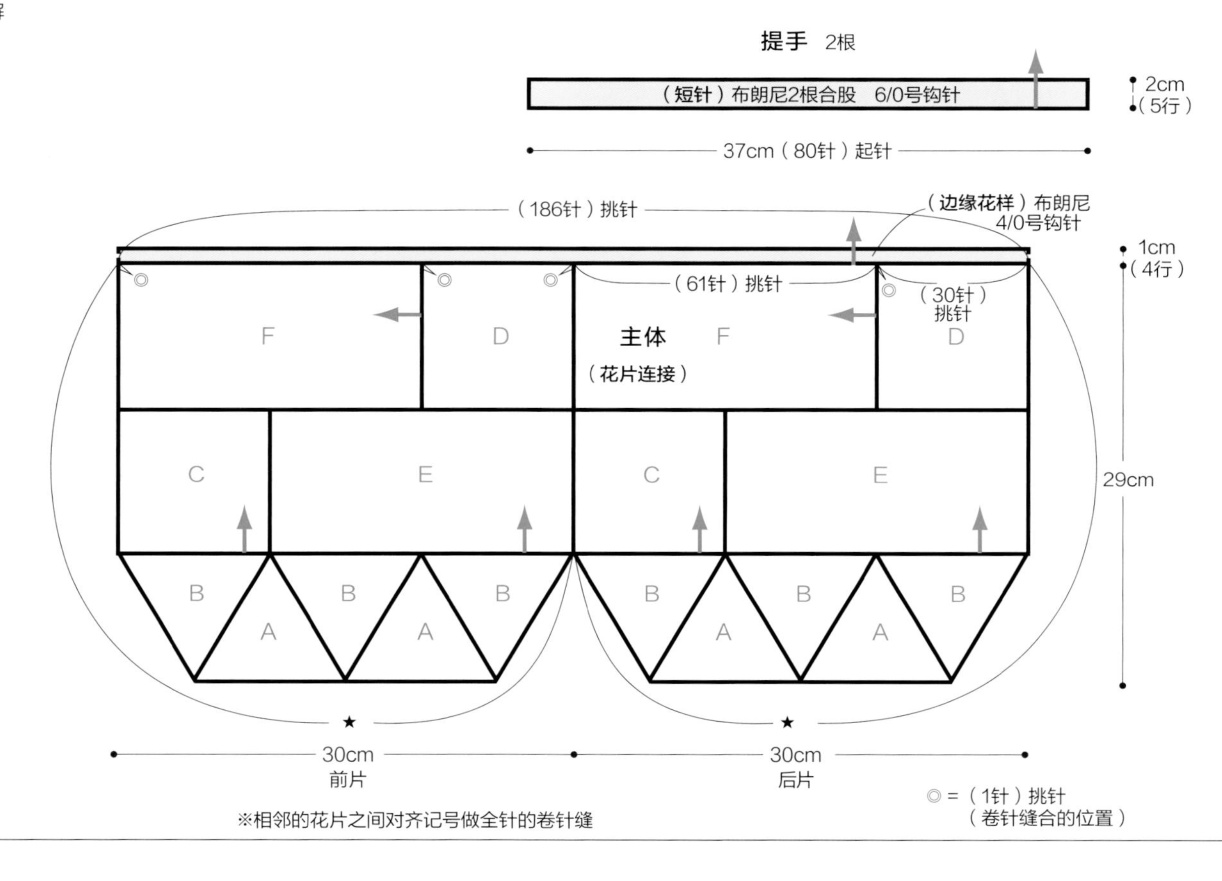

（上接p.46）多功能小包

编织球（纽扣）

①环形起3针锁针，往起针环里钩10针短针。
②将线穿过短针的外侧半针，抽紧打结，再将线头藏到背面。
③在中心处做绕3圈的法式结。

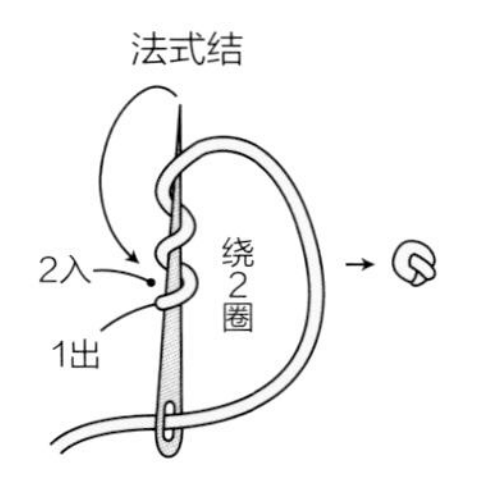

提手

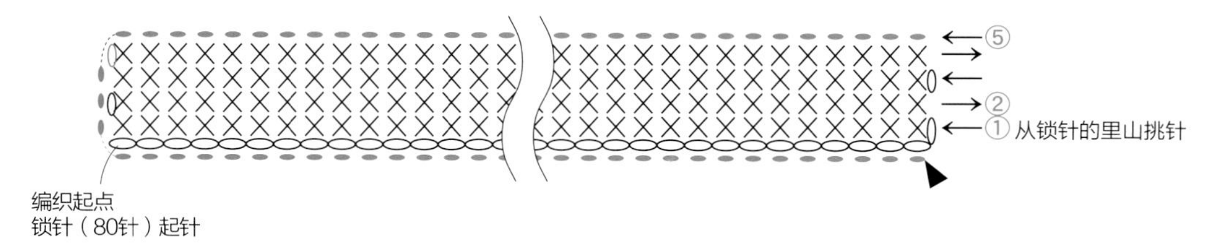

▽ = 接线

▼ = 断线

边缘花样

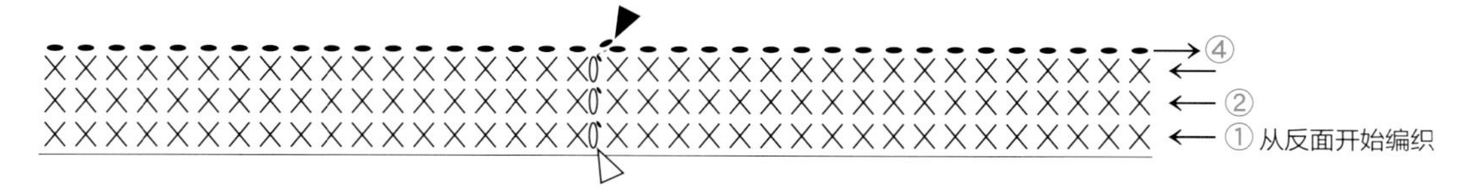

A 4片

参照“p.54的三角形花片1”编织

配色表

行数	色名
5、6	天空蓝
4	丁香紫
3	烟蓝色
1、2	丁香紫

B 6片

参照“p.54的三角形花片2”编织

配色表

行数	色名
5、6	肉桂色
3、4	葡萄紫
1、2	生成色

C 2片

新茶

参照“p.61的正方形花片14”编织

D 2片

参照“p.60的正方形花片13”编织

配色表

图示	色名
═	布朗尼
═	炼瓦色
—	孔雀蓝

E 2片

参照“p.71的长方形花片36”编织

配色表

图示	色名
—	红色
═	香草色

F 2片

参照“p.72的长方形花片37”编织

配色表

部位	色名
卷针缝合的线	樱桃红
主体	绿松石

组合方法

包袋B　图片 >> p.11

使用花片 >> 41

【所需线材】
HAMANAKA Amerry/ 酒红（19）…100g；自然白（20）…20g；柠檬黄（25）、丁香紫（42）、肉豆蔻（49）…各15g

【针】
钩针 5/0 号

【成品尺寸】
参照图解

【编织方法】
1 编织7片花片。
2 参照图解排列花片，使用半针的卷针缝进行组合。
3 围绕上侧开口处钩2行边缘花样。
4 提手①、②分别从指定位置挑针钩长针。最后一行分别对齐合在一起用引拔针缝合。提手的两端从背面做引拔针。

※相邻的花片之间对齐记号做半针的卷针缝。

※将提手的最后一行对齐合在一起，挑起外侧一根线钩引拔针。
将提花两端的1针内侧拉开，从反面做引拔针（1行引拔2针）。

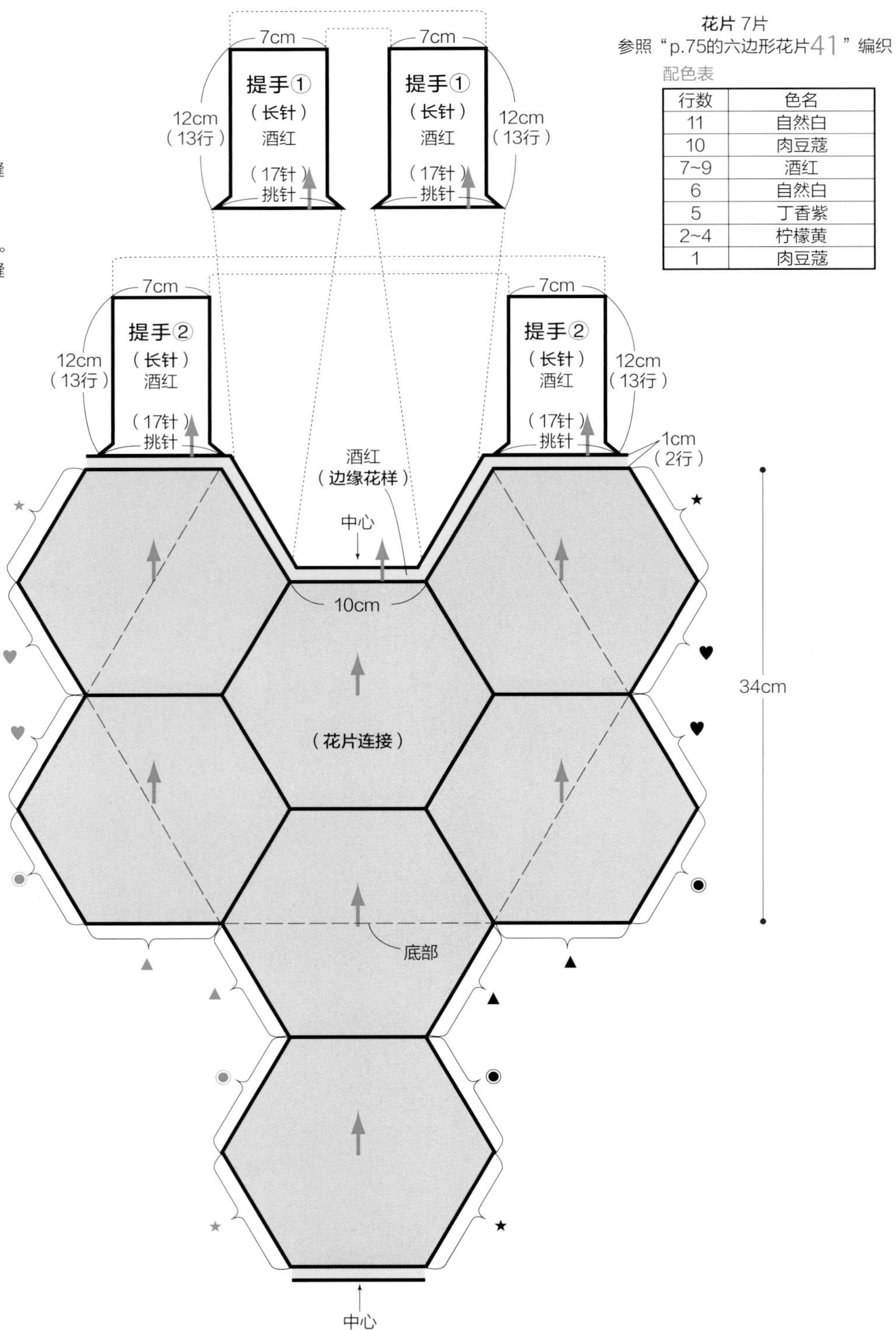

花片 7片
参照“p.75的六边形花片41”编织

配色表

行数	色名
11	自然白
10	肉豆蔻
7~9	酒红
6	自然白
5	丁香紫
2~4	柠檬黄
1	肉豆蔻

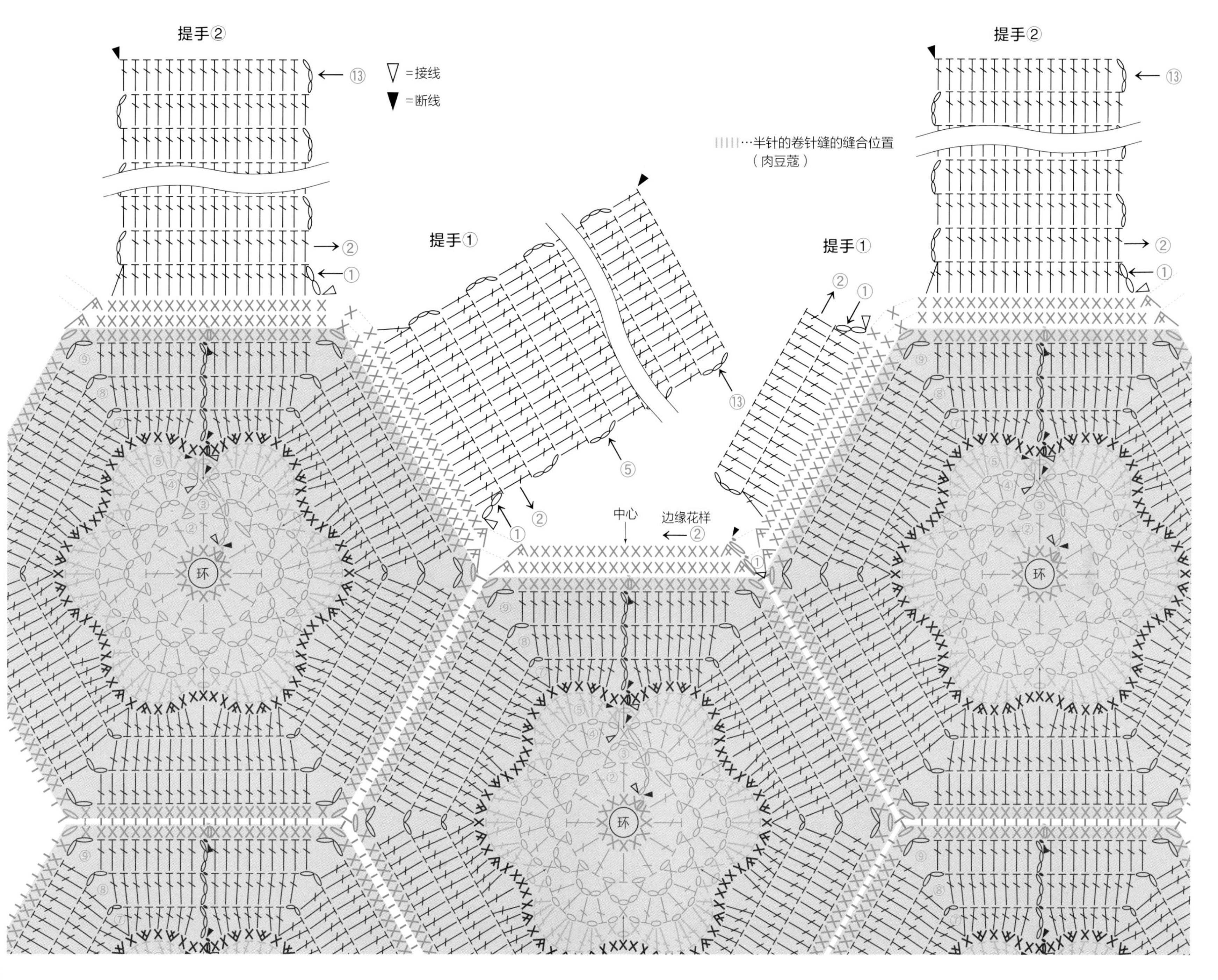

提手②
▽=接线
▼=断线
提手②
…半针的卷针缝的缝合位置
（肉豆蔻）
提手①
提手①
中心
边缘花样②
环
环
环

多功能小包　图片 >> p.13

使用花片 >> 4,5,6,35

【所需线材】

多功能小包 A

HAMANAKA Amerry/ 灰玫瑰（26）…10g；芥末黄（3）、达拉斯绿（13）…各5g

多功能小包 B

HAMANAKA Amerry/ 海军蓝（17）…14g；自然白（20）…6g；深红色（5）…8g

多功能小包 C

HAMANAKA Amerry/ 石楠紫（44）…11g；丁香紫（42）…7g；蓝绿色（12）…2g

多功能小包 D

HAMANAKA Amerry/ 巧克力灰（30）…25g；桃粉色（28）…15g、青瓷色（37）…10g；灰玫瑰（26）…5g、芥末黄（3）…2g

【针】

钩针 5/0 号

【成品尺寸】

参照图解

通用的编织球（纽扣）
各1个
（下转p.42）

多功能小包A

花片 4片

参照“p.56的三角形花片6”编织

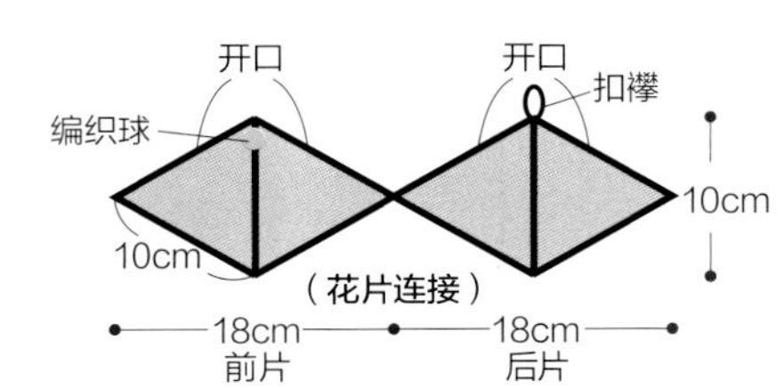

配色表

行数	色名
4	深红色
3	达拉斯绿
2	芥末黄
1	深红色

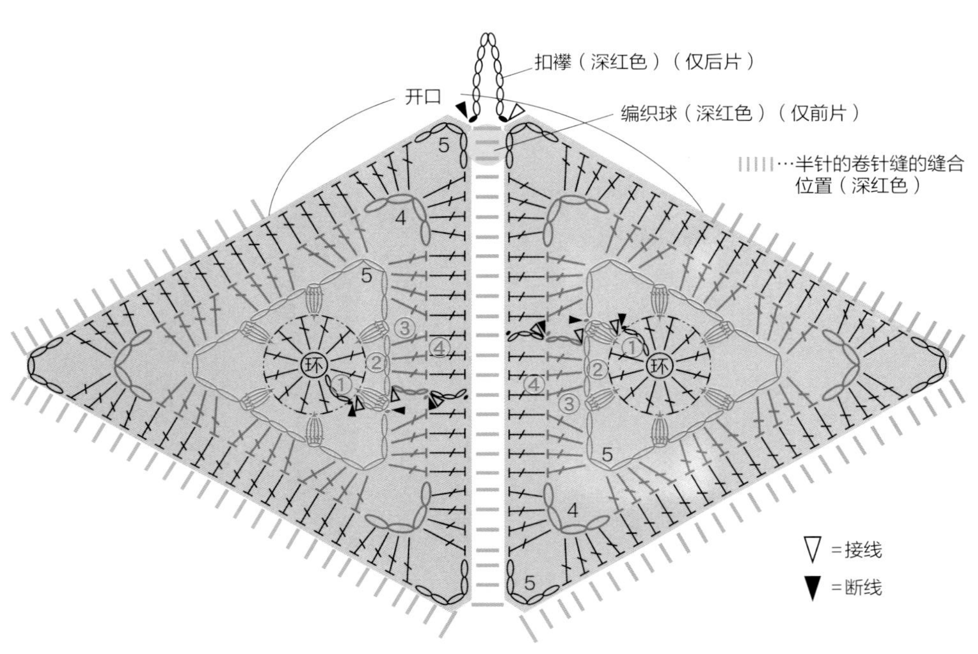

多功能小包B

花片 6片

参照“p.56的三角形花片5”编织

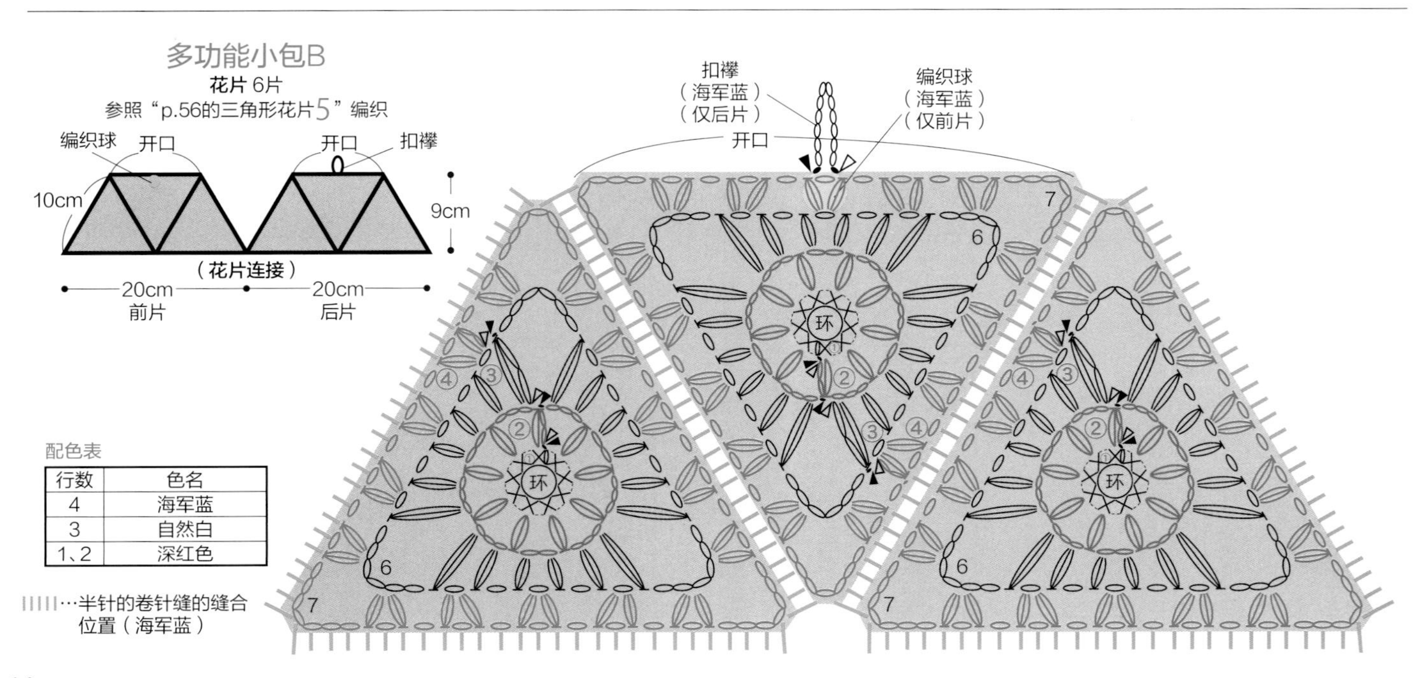

配色表

行数	色名
4	海军蓝
3	自然白
1、2	深红色

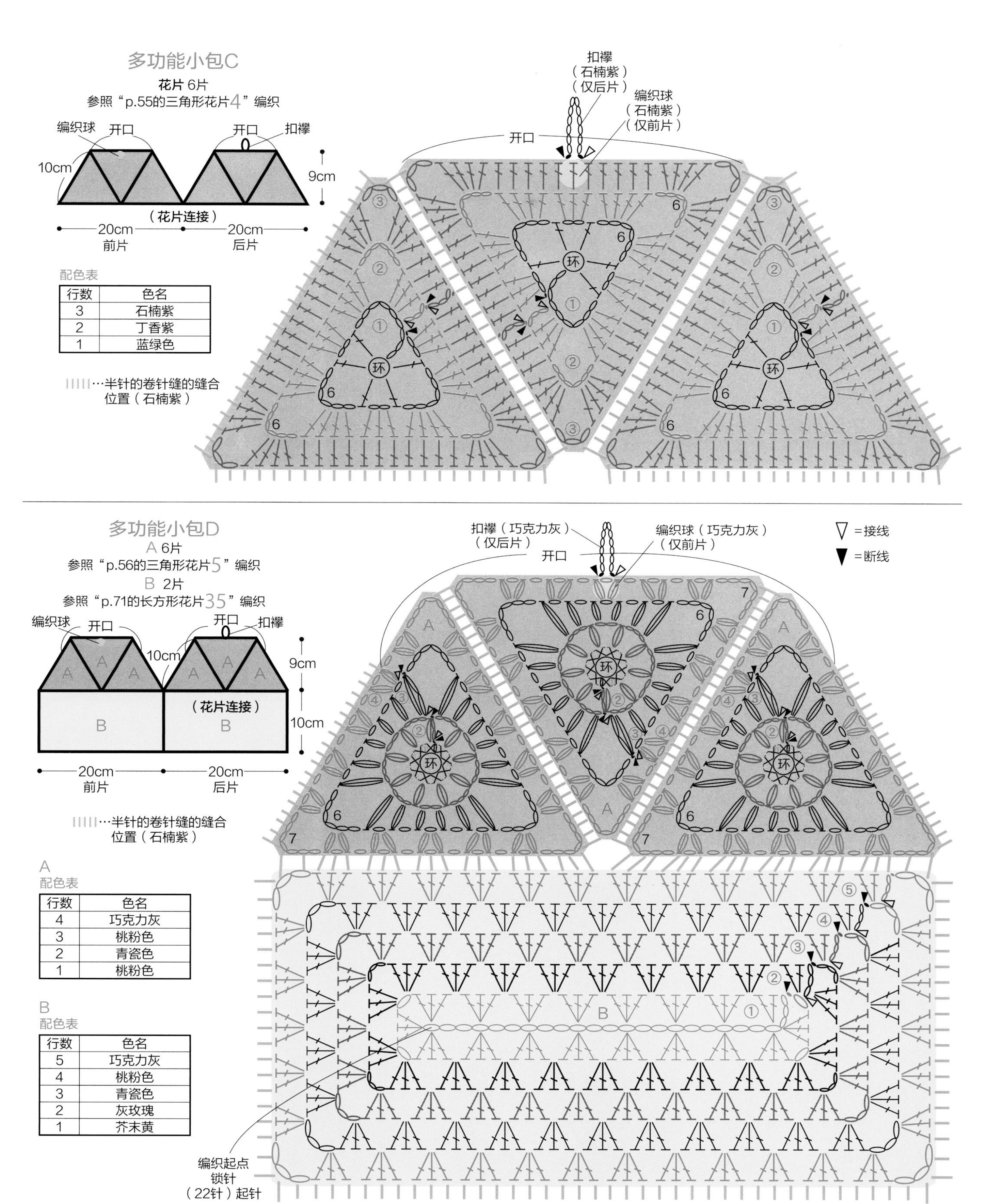

多功能小包C
花片 6片
参照“p.55的三角形花片4”编织
编织球
开口
开口
扣襻
10cm
9cm
（花片连接）
20cm
前片
20cm
后片
配色表

行数	色名
3	石楠紫
2	丁香紫
1	蓝绿色

IIIII…半针的卷针缝的缝合位置（石楠紫）
扣襻（石楠紫）（仅后片）
编织球（石楠紫）（仅前片）
开口
环
多功能小包D
A 6片
参照“p.56的三角形花片5”编织
B 2片
参照“p.71的长方形花片35”编织
编织球
开口
开口
扣襻
10cm
9cm
10cm
（花片连接）
20cm
前片
20cm
后片
IIIII…半针的卷针缝的缝合位置（石楠紫）
A
配色表

行数	色名
4	巧克力灰
3	桃粉色
2	青瓷色
1	桃粉色

B
配色表

行数	色名
5	巧克力灰
4	桃粉色
3	青瓷色
2	灰玫瑰
1	芥末黄

扣襻（巧克力灰）（仅后片）
编织球（巧克力灰）（仅前片）
开口
▽ =接线
▼ =断线
编织起点
锁针
（22针）起针

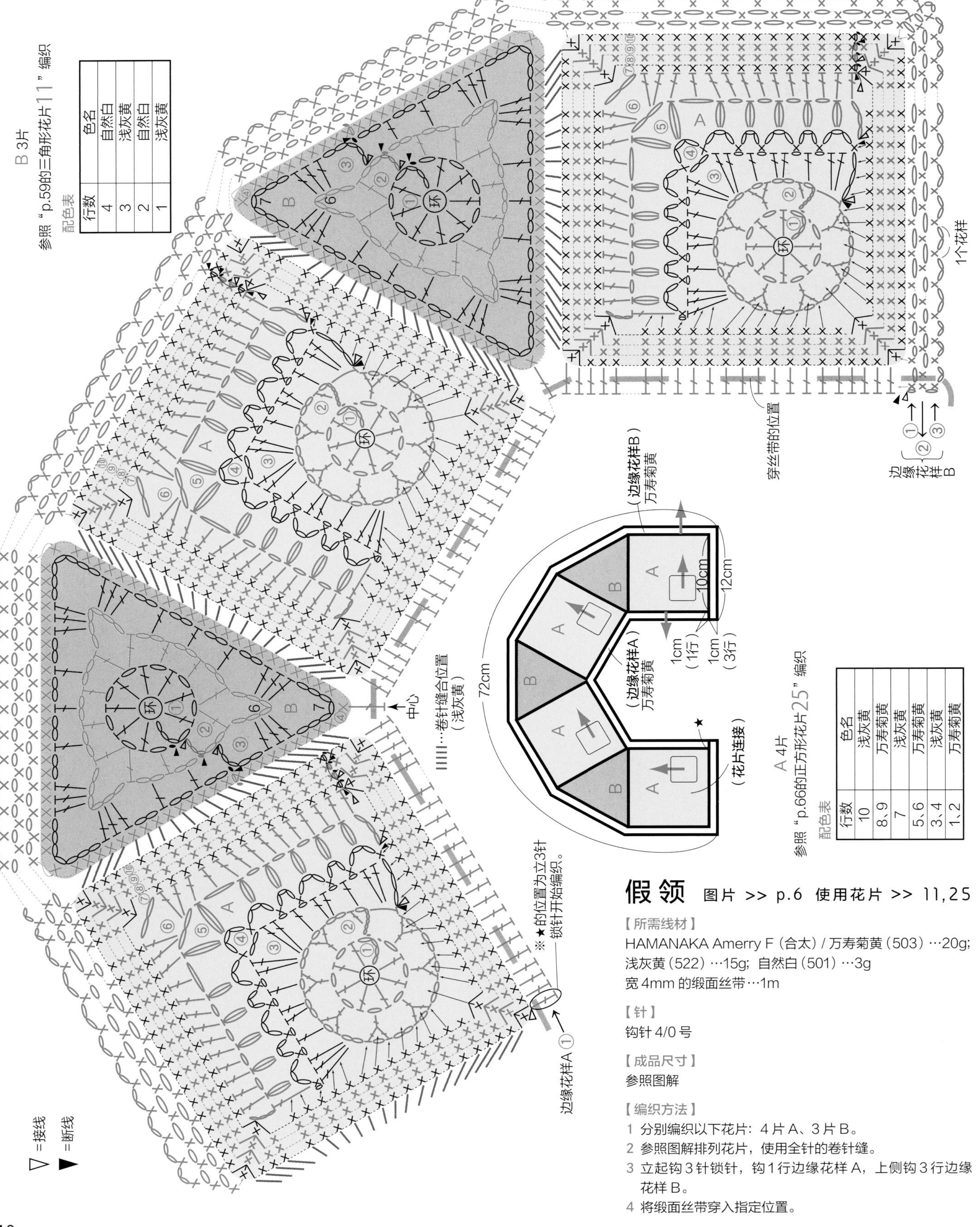

B 配色表

行数	色名
4	自然白
3	浅灰黄
2	自然白
1	浅灰黄

A 配色表

行数	色名
10	浅灰黄
8、9	万寿菊黄
7	浅灰黄
5、6	万寿菊黄
3、4	浅灰黄
1、2	万寿菊黄

假领

图片 >> p.6 使用花片 >> 11，25

【所需线材】

HAMANAKA Amerry F（合太）/ 万寿菊黄（503）…20g；浅灰黄（522）…15g；自然白（501）…3g

宽 4mm 的缎面丝带…1m

【针】

钩针 4/0 号

【成品尺寸】

参照图解

【编织方法】

1 分别编织以下花片：4 片 A、3 片 B。
2 参照图解排列花片，使用全针的卷针缝。
3 立起钩 3 针锁针，钩 1 行边缘花样 A，上侧钩 3 行边缘花样 B。
4 将缎面丝带穿入指定位置。

抱枕

图片 >> p.8　　使用花片 >> 7,8,9,10,19,20,21,22,27,28

【所需线材】
DARUMA Rambouillet Merino Wool/ 驼色（3）…25g；米黄色（2）…8g；常青绿（4）…8g
Wool Mohair/ 米黄色（2）…5g；生成色（1）…3g
Classic Tweed/ 芥末黄（8）…11g；炼瓦色（5）…4g；浅灰色（9）…3g
GEEK/ 柠檬 × 钴绿（9）…7g
Gemou 原毛美利奴 / 深橘色（8）…11g；浅米黄色（2）…10g；青柠绿（15）…4g
Shetland Wool/ 燕麦色（2）…21；黄色（14）…5g；生成色（1）…4g；祖母绿（13）…10g
纽扣 / 茶色 · 直径 1.8cm…5 个

【针】钩针 6/0 号、7/0、8/0 号
【成品尺寸】竖 30cm、横 30cm

【编织方法】
1 编织花片。
2 参照右图，对齐花片做半针的卷针缝。（连接的顺序自由）
3 面朝主体的正面钩边缘花样。
4 编织扣襻。
5 在指定位置缝上纽扣。

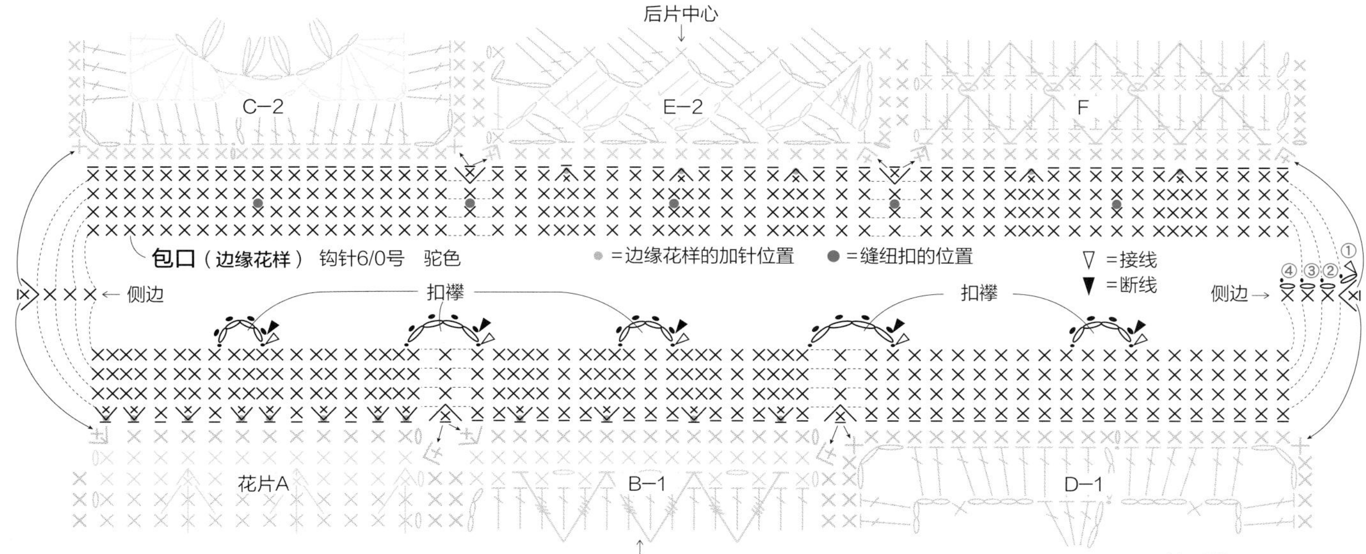

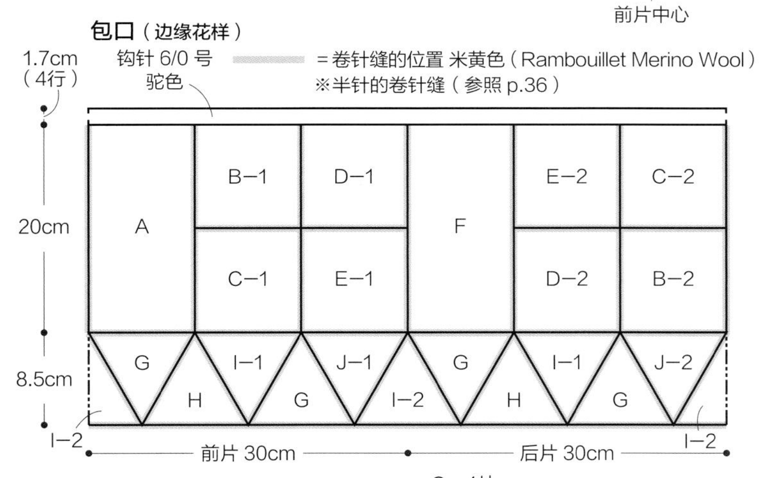

E−1、E−2　各1片
参照“p.63的正方形花片19”编织
配色表

图示	E−1	E−2
——	浅米黄色	浅米黄色
——	祖母绿	深橘色
------	深橘色	祖母绿
边缘花样	深橘色	浅米黄色

H　2片
参照“p.57的三角形花片7”编织
配色表

行数	颜色
边缘花样2	米黄色
边缘花样1	浅灰色
1~7	炼瓦色

D−1、D−2　各1片
参照“p.63的正方形花片20”编织
配色表

D−1	D−2
驼色	常青绿

I−1、I−2　各2片
参照“p.58的三角形花片9”编织
配色表

行数	I−1	I−2
4	米黄色	米黄色（Rambouillet Merino Wool）
3	生成色	米黄色（Wool Mohair）
2	驼色	驼色
1	常青绿	常青绿

A　1片
参照“p.67的长方形花片27”编织
配色表

图示	颜色
——	芥末
═══	柠檬×钴绿

G　4片
参照“p.57的三角形花片8”编织
配色表

行数	颜色
4	生成色
3	祖母绿
2	深橘色
1	黄色

B−1、B−2　各1片
参照“p.64的花片22”编织
配色表

行数	B−1	B−2
——	浅米黄色	深橘色
——	青柠绿	浅米黄色
——	深橘色	浅米黄色

C−1、C−2　各1片
参照“p.64的正方形花片21”编织
配色表

行数	C−1	C−2
6	燕麦色	燕麦色
5	驼色	驼色
4	黄色	黄色
3	祖母绿	深橘色
2	燕麦色	燕麦色
1	驼色	驼色

J−1、J−2　各1片
参照“p.58的三角形花片10”编织
配色表

行数	J−1	J−2
5	驼色	驼色
4	浅米黄色	米黄色（Rambouillet Merino Wool）
3	常青绿	常青绿
2	浅米黄色	米黄色（Rambouillet Merino Wool）
1	青柠绿	青柠绿

F　1片　燕麦色
参照“p.67的长方形花片28”编织

室内鞋A、B　图片 >> p.7　使用花片 >> 21

【所需线材】

室内鞋 A

DARUMA Rambouillet Merino Wool/ 米黄色（2）…30g；深橘色（7）、葡萄紫（8）…各 25g；常青绿（4）…15g

室内鞋 B

DARUMA Gemou 原毛美利奴 / 浅灰色（2）…50g；可可豆（3）…25g

Rambouillet Merino Wool/ 米黄色（2）…20g

【针】

作品 A 钩针 5/0 号

作品 B 钩针 6/0 号

【成品尺寸】

作品 A 9.5cm × 9.5cm

作品 B 10cm × 10cm

配色表

行数	室内鞋A	室内鞋B
边缘花样	米黄色	可可豆
5	葡萄紫	浅灰色
4	常青绿	米黄色
2、3	深橘色	浅灰色
1	米黄色	米黄色

【编织方法】

1 编织 6 片花片。
2 参照花片主体的连接方法图排列花片，对齐花片挑起短针外侧一根线做卷针缝合。
3 面朝作品的正面钩边缘花样。
4 使用罗纹绳的方法制作绳子，穿过主体部分的指定位置。
5 编织小装饰 a 和 b，与罗纹绳组合在一起。

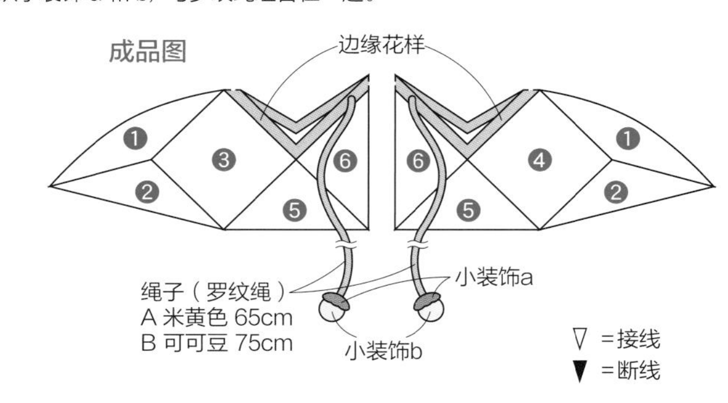

▽ =接线
▼ =断线

主体花片的连接方法

▬ =卷针缝合的位置
※半针的卷针缝
（参照p.36）

鞋面 ❶　❷　❸　❹　❺　鞋跟 ❻

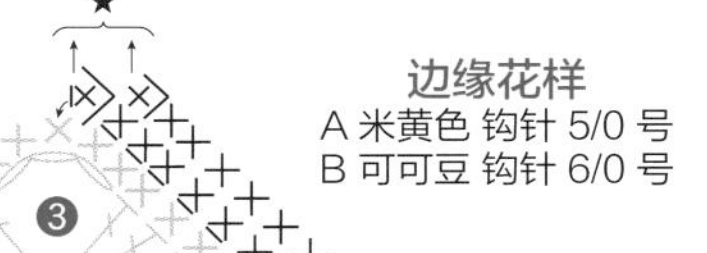

小装饰a
A 常青绿 4个 钩针 5/0 号
B 可可豆 4个 钩针 6/0 号

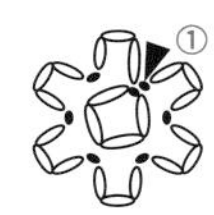

小装饰b
A 深橘色 4个 钩针 5/0 号
B 浅米黄色 4个 钩针 6/0 号

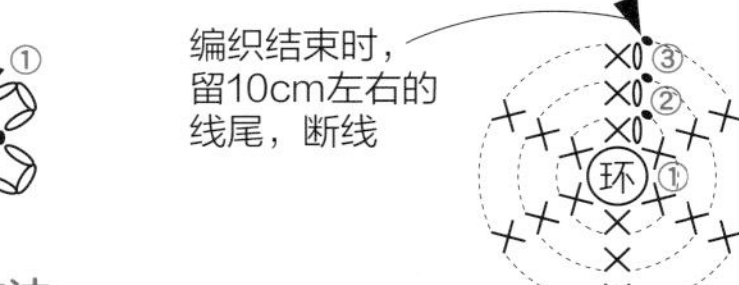

穿绳的方法

从表面穿过
鞋口
❻（反面）
鞋面

小装饰a和b的组合方法

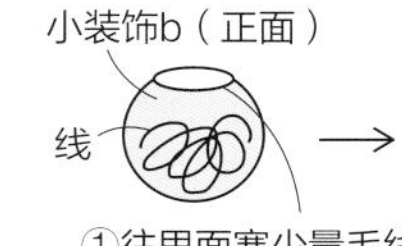

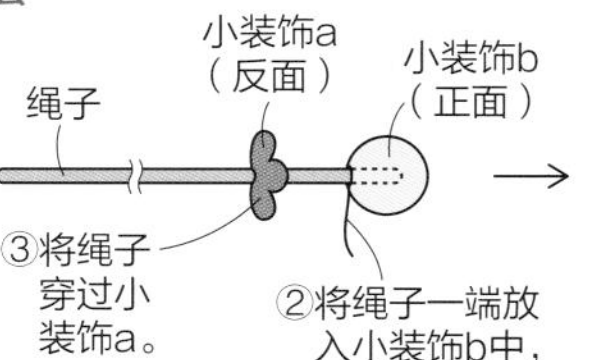

①往里面塞少量毛线，用编织终点的线尾，依次挑起最后一行外侧的一根线。

②将绳子一端放入小装饰b中，利用线尾抽紧固定。

③将绳子穿过小装饰a。

④把小装饰a和b紧紧地扎在一起。

边缘花样
A 米黄色 钩针 5/0 号
B 可可豆 钩针 6/0 号

● =穿绳的位置

▼ =断线，将剪断的线尾从挂在钩针上的线环掏出，穿入第2针的头部做缝接，并以U形的走线痕迹重叠在第1针的头部上穿回第1针。

从★继续

茶杯垫　图片 >> p.12

使用花片 >> 3,40

【所需线材】

HAMANAKA Amerry/ 孔雀蓝（47）…18g；深红色（5）…14g；灰黄色（1）…12g

【针】

钩针 5/0 号

【成品尺寸】

参照图解

【编织方法】

1 分别编织1片A，6片B。
2 参照图解排列花片，使用半针的卷针缝。

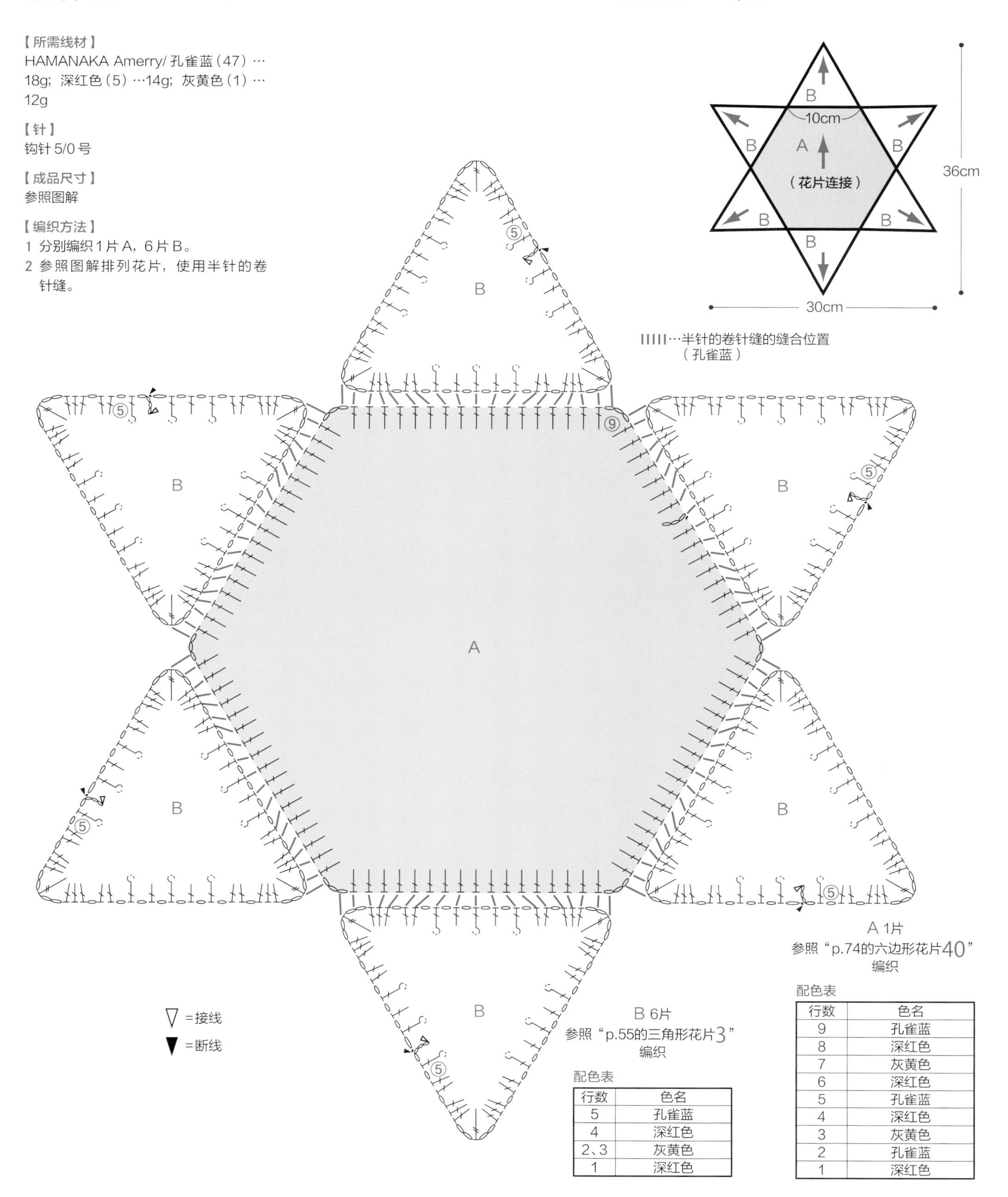

B 配色表

行数	色名
5	孔雀蓝
4	深红色
2、3	灰黄色
1	深红色

A 配色表

行数	色名
9	孔雀蓝
8	深红色
7	灰黄色
6	深红色
5	孔雀蓝
4	深红色
3	灰黄色
2	孔雀蓝
1	深红色

围巾　图片 >> p.14

使用花片 >> 15,16,17,18,31,32,33,34

【所需线材】

HAMANAKA Amerry/ 肉豆蔻(49)…30g；草绿色(13)…25g；驼色(8)、墨蓝色(16)…各20g；绿色(14)、灰色(22)、森林绿(34)、祖母绿(37)、燕麦色(40)、土黄色(41)…各15g；橘色(4)、紫色(18)、米黄色(21)、自然黑(24)、丁香紫(42)、薄荷蓝(45)、深海军蓝(53)…各10g；粉色(7)、水蓝色(11)、自然白(20)、春绿色(33)、雾空色(39)、孔雀蓝(47)…各5g；深红色(5)、柠檬黄(25)、红棕色(32)、薰衣草(43)…各2g

【针】

钩针 5/0 号

【成品尺寸】

参照图解

【编织方法】

1 编织花片 A~D 各 4 片，花片 E~H 各 2 片。
2 参照图解排列花片，做卷针缝合。
3 参照图解制作流苏，连接到指定位置。

A-1、A-2、A-3、A-4 各1片

参照“p.60的正方形花片15”编织

配色表

行数	A-1	A-2	A-3	A-4
4、5	绿色	春绿色	水蓝色	薄荷蓝
3	祖母绿	深海军蓝	绿色	
2	孔雀蓝	孔雀蓝	深海军蓝	
1	红棕色	深红色	红棕色	

B-1、B-2、B-3、B-4 各1片

参照“p.61的正方形花片16”编织

配色表

行数	B-1	B-2	B-3	B-4
5、6	深海军蓝	驼色	肉豆蔻	绿色
3、4	墨蓝色	薄荷蓝	水蓝色	粉色
2	米黄色	柠檬黄	米黄色	米黄色
1	柠檬黄	自然白	柠檬黄	柠檬黄

C-1、C-2、C-3、C-4 各1片

参照“p.62的正方形花片17”编织

配色表

行数	C-1	C-2	C-3	C-4
6、7	薄荷蓝	森林绿	丁香紫	紫色
5	粉色	红棕色		深红色
3、4	红棕色	紫色		森林绿
2	米黄色	丁香紫		米黄色
1	粉色	红棕色		深红

D-1、D-2、D-3、D-4 各1片

参照“p.62的正方形花片18”编织

配色表

图示	D-1	D-2	D-3	D-4
——	薰衣草	祖母绿	孔雀蓝	墨蓝色
——	紫色	橘色	雾空色	绿色

E-1、E-2 各1片

参照“p.69的长方形花片31”编织

配色表

图示	E-1	E-2
▬	深海军蓝	绿色
▬	肉豆蔻	橘色
——	草绿色	米黄色
▬	森林绿	祖母绿

F-1、F-2 各1片

参照“p.69的长方形花片32”编织

配色表

图示	F-1	F-2
▬	自然黑	自然黑
——	肉豆蔻	土黄色

G-1、G-2 各1片

参照“p.70的长方形花片33”编织

配色表

图示	G-1	G-2
——	草绿色	自然白
——		灰色

H-1、H-2 各1片

参照“p.70的长方形花片34”编织

配色表

H-1	H-2
驼色	燕麦色

流苏的制作方法

墨蓝色　8个

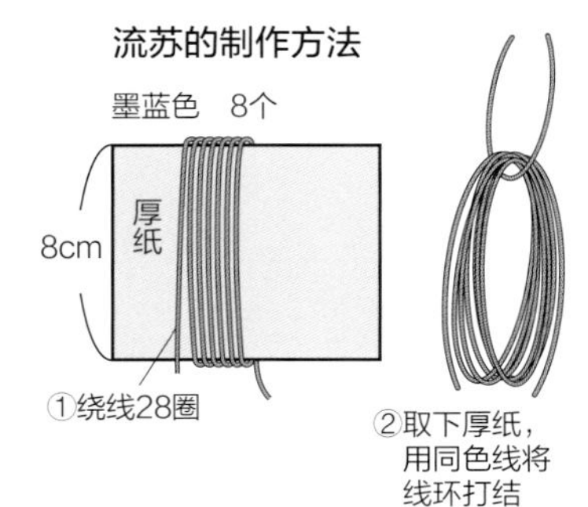

①绕线28圈

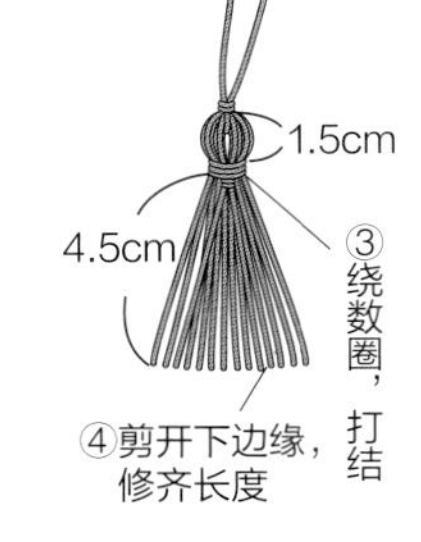

②取下厚纸，用同色线将线环打结

1.5cm
4.5cm
③绕数圈，打结
④剪开下边缘，修齐长度

流苏缝合连接处

F-2	D-4
	G-2
C-4	
A-4	B-4
H-2	D-3
	E-2
A-3	
G-1	C-3
	B-3
C-2	A-2
B-2	F-1
E-1	
	D-2
C-1	H-1
D-1	
A-1 10cm	B-1 10cm

（花片连接）

160cm　20cm　10cm　20cm（2片）

流苏缝合连接处

※花片使用卷针缝合的方法连接。卷针缝合的线要与所接触的花片颜色相同。

迷你地毯A、B

图片 >> p.16、p.17

使用花片 >> 23,24,29,30

【所需线材】

迷你地毯 A

DARUMA Gemou 原毛美利奴 / 橘黄色（6）…25g

SOFT LAMBS 软羊毛 / 婴儿粉（7）…13g；生成色（2）…10g；粉色（21）…5g

空气羊驼 / 浅灰色（7）…10g；蓝灰色（5）…5g；生成色（1）、金丝雀黄（12）…各 2g

Dulcian（合细马海毛）/ 浅蓝色（28）…11g；奶油色（16）…8g

迷你地毯 B

DARUMA Gemou 原毛美利奴 / 沙米黄色（16）…25g

SOFT LAMBS 软羊毛 / 香草色（8）、摩卡色（25）…各 13g；肉桂色（14）…5g

空气羊驼 / 生成色（1）…12g；巧克力（11）…7g

Dulcian（合细马海毛）/ 米黄色（8）…12g；奶油色（16）…4g

【针】

钩针 6/0、7/0、8/0 号

【成品尺寸】

参照图解

【编织方法】

1 分别编织花片 A-1、A-2、B-1、B-2 各 1 片、花片 C、D 各 2 片。
2 参照图解排列花片，做卷针缝合（卷缝的线可根据个人喜好）。
3 在步骤 2 的四周编织 2 圈边缘花样。
4 参照流苏图解打结的方法将流苏系在两条侧边上。

边缘花样的配色表

A	B
浅灰色	生成色

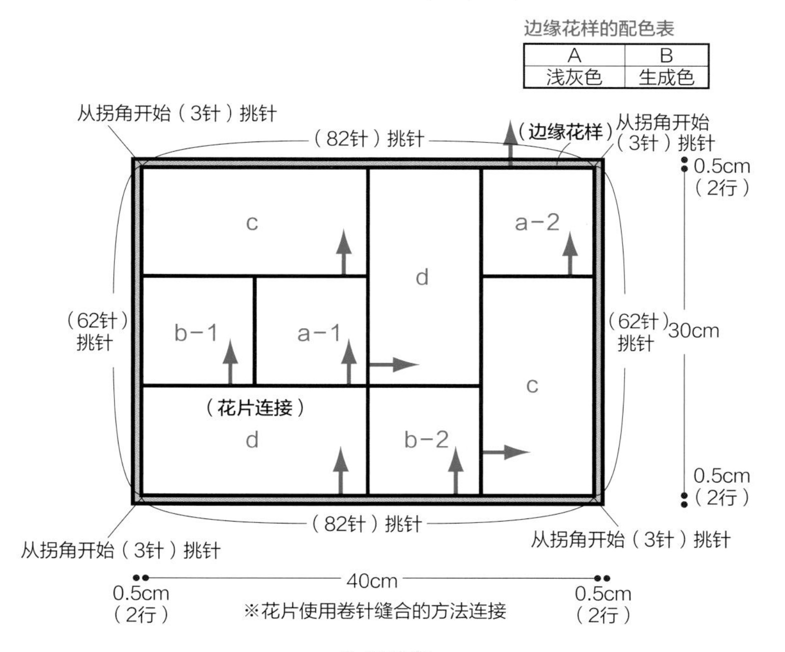

边缘花样（6/0号针）

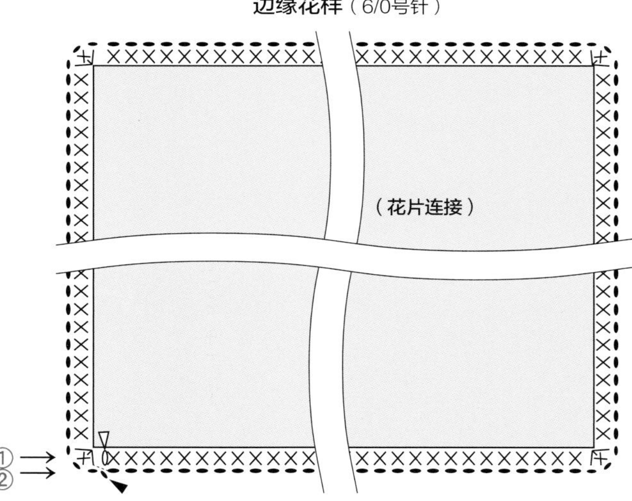

▽ = 接线

▼ = 断线

a-1、a-2 各1片

参照“p.65的正方形花片23”编织

配色表

图示	A		B	
	a-1	a-2	a-1	a-2
——	金丝雀黄	生成色	巧克力	生成色
▬	浅灰色	蓝灰色	生成色	巧克力

b-1、b-2 各1片

参照“p.65的正方形花片24”编织

配色表

A		B	
b-1	b-2	b-1	b-2
2股奶油色	2股浅蓝色	2股米黄色	米黄色和奶油色各1股

c 各1片

参照“p.68的长方形花片29”编织

配色表

A	B
橘黄色	沙米黄色

d 各1片

参照“p.68的长方形花片30”编织

配色表

图示	A	B
▬	粉色	肉桂色
▬	婴儿粉	摩卡色
═	生成色	香草色

组合方法

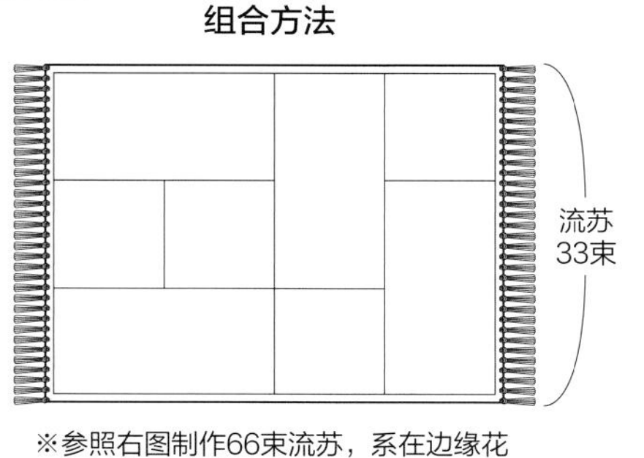

※参照右图制作66束流苏，系在边缘花样的第1行的针脚之间。

流苏配色表

A	B
婴儿粉和浅蓝色共2股	香草色和摩卡色共2股

流苏的打结方法

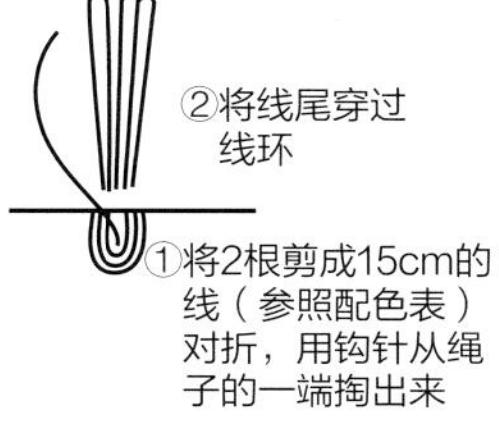

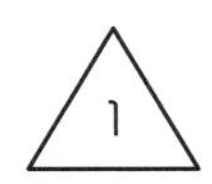

三角形花片　图片 >> p.19

图片 >> p.19

【所需线材】
DARUMA SOFT LAMBS 软羊毛/深蓝色（28）、烟蓝色（32）…各2g；丁香紫（29）…1g

【针】
钩针5/0号

【成品尺寸】
边长10cm

配色表

行数	色名
5、6	烟蓝色
3、4	深蓝色
1、2	丁香紫

⌀ =3针中长针的枣形针（整束挑起编织）

编织方法
第3、4行…将前一行的锁针整束挑起编织
第5、6行…在前一行锁针的位置挑针时，整束挑起编织

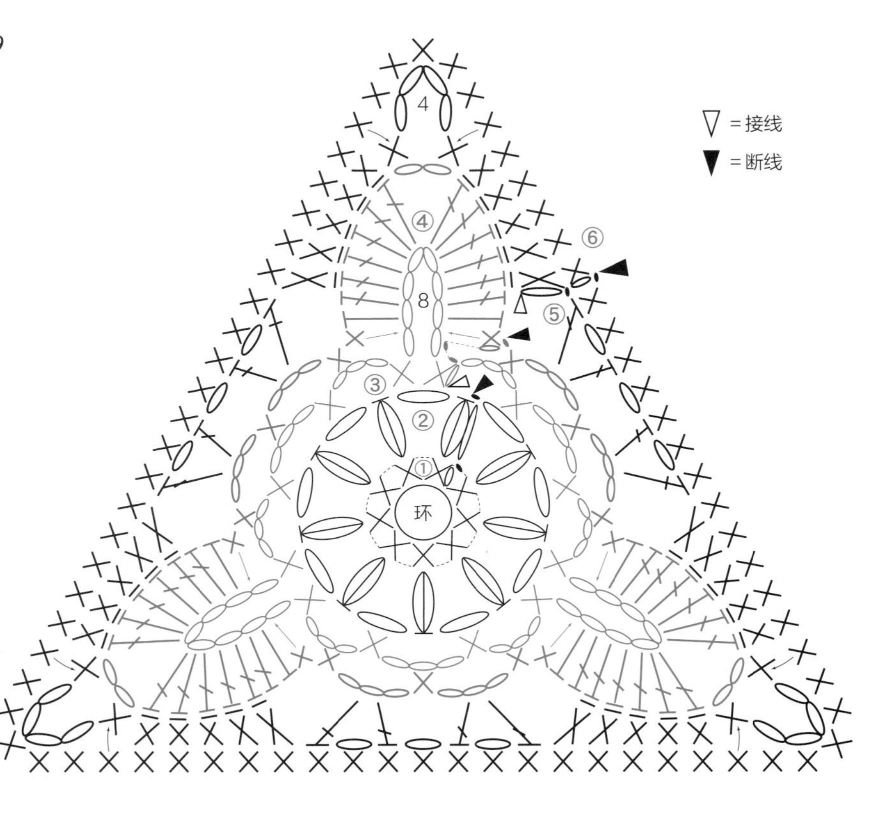

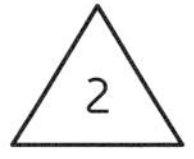

三角形花片　图片 >> p.19　重点教程 >> p.36

图片 >> p.19　重点教程 >> p.36

【所需线材】
DARUMA SOFT LAMBS 软羊毛/蜂蜜芥末（42）…2g；葡萄紫（30）、灰色（39）…各1g

【针】
钩针5/0号

【成品尺寸】
边长10cm

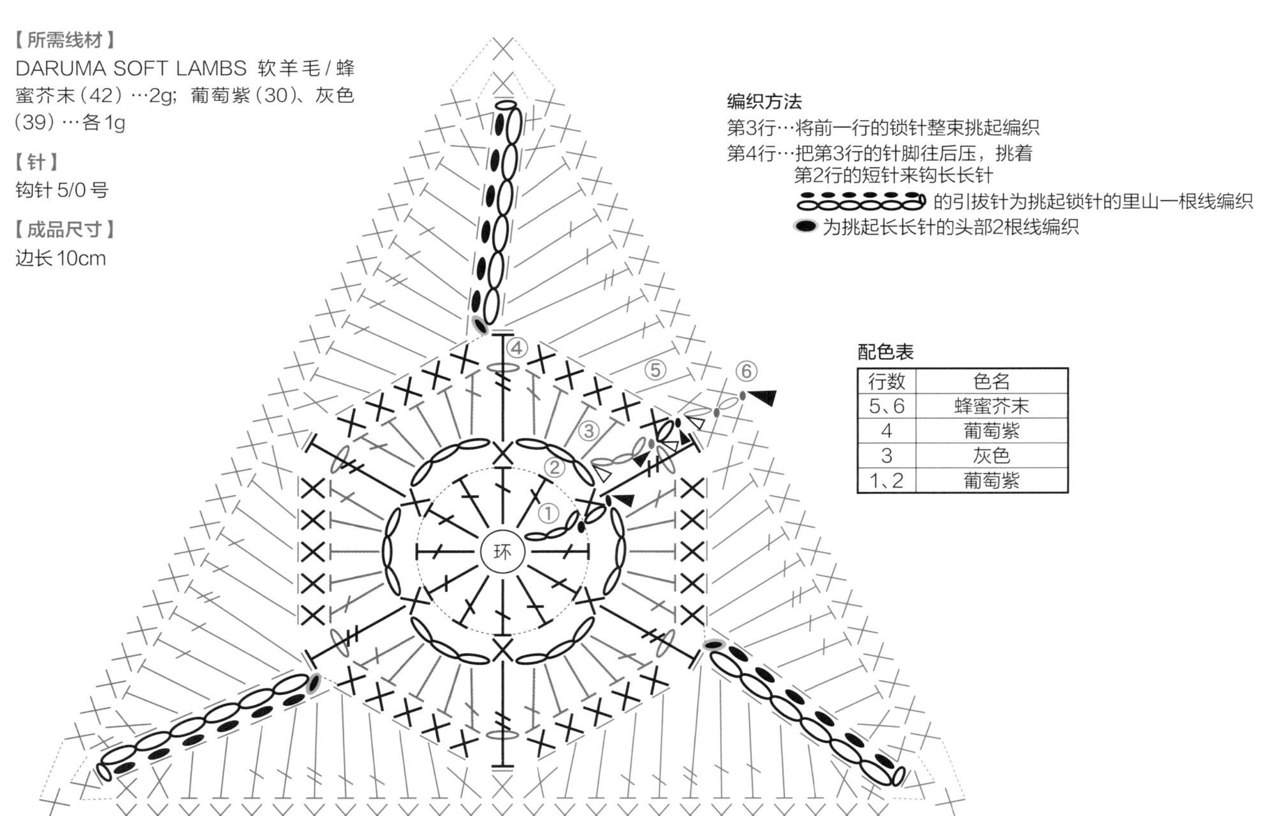

编织方法
第3行…将前一行的锁针整束挑起编织
第4行…把第3行的针脚往后压，挑着第2行的短针来钩长长针
的引拔针为挑起锁针的里山一根线编织
为挑起长长针的头部2根线编织

配色表

行数	色名
5、6	蜂蜜芥末
4	葡萄紫
3	灰色
1、2	葡萄紫

三角形花片 图片 >> p.19 重点教程 >> p.36

图片 >> p.19 重点教程 >> p.36

【所需线材】
HAMANAKA Amerry/ 粉色（7）…2g;
自然白（20）、青瓷色（37）…各1g

【针】
钩针 5/0 号

【成品尺寸】
边长 10cm

配色表

行数	色名
5	粉色
4	青瓷色
2、3	自然白
1	青瓷色

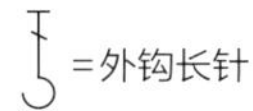
=外钩长针

=3针中长针的枣形针（整束挑起编织）

编织方法
第2、3行…将前一行的锁针整束挑起编织
第4、5行…前一行锁针的位置挑针时，
整束挑起编织

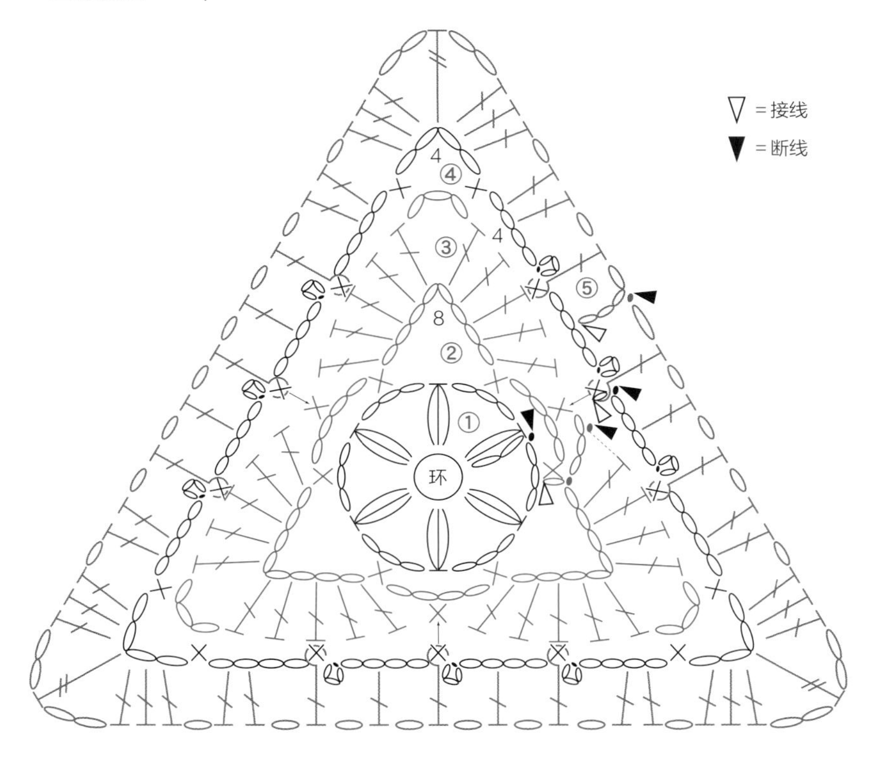

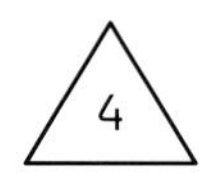

三角形花片 图片 >> p.20

【所需线材】
HAMANAKA Amerry/ 深海军蓝（53）…
2g; 深红色（5）、米黄色（21）…各少量

【针】
钩针 5/0 号

【成品尺寸】
边长 10cm

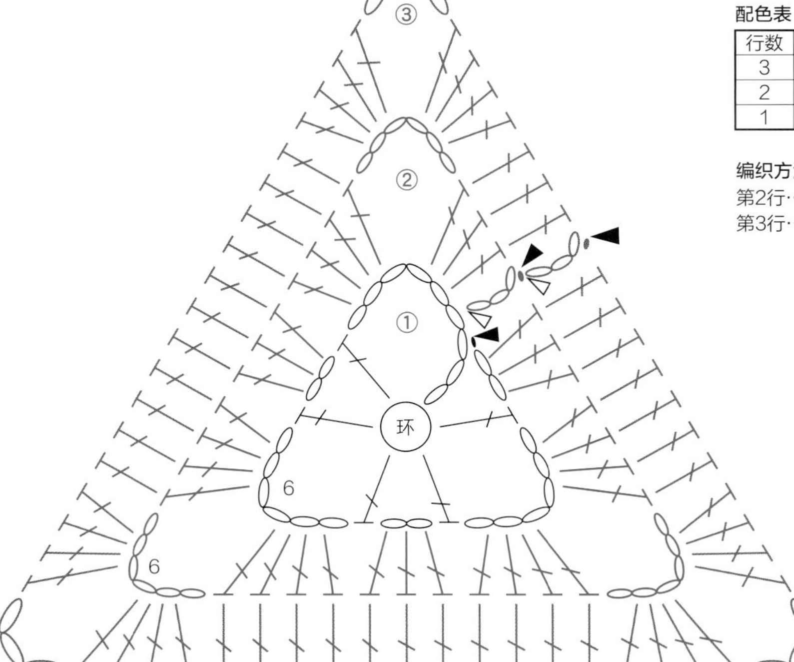

配色表

行数	色名
3	深海军蓝
2	深红色
1	米黄色

编织方法
第2行…将前一行的锁针整束挑起编织
第3行…在前一行锁针的位置挑针时，
整束挑起编织

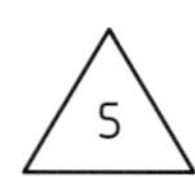

三角形花片　图片 >> p.20

【所需线材】
HAMANAKA Amerry/ 自然黑（23）…
3g；橘色（4）…1g；桃粉色（28）…少量

【针】
钩针 5/0 号

【成品尺寸】
边长 10cm

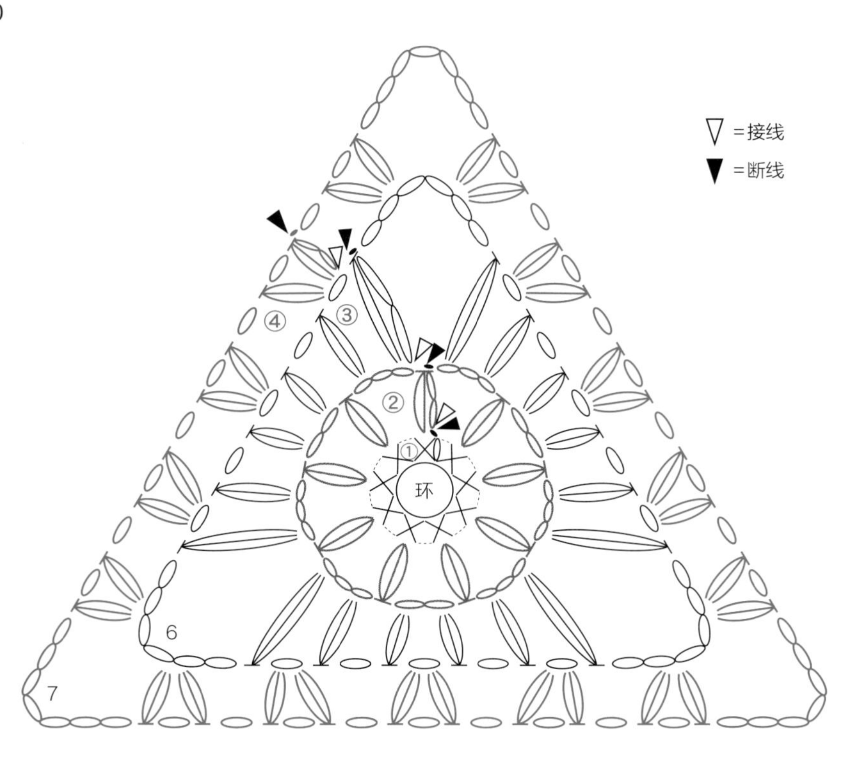

配色表

行数	色名
4	自然黑
3	橘色
2	桃粉色
1	橘色

=3针中长针的枣形针（从1个针脚挑起编织）

=3针中长针的枣形针（整束挑起编织）

编织方法

第3、4行…将前一行的锁针整束挑起编织

三角形花片　图片 >> p.20

【所需线材】
HAMANAKA Amerry/ 土黄色（41）…
3g；森林绿（34）、石楠紫（44）…各 1g

【针】
钩针 5/0 号

【成品尺寸】
边长 10cm

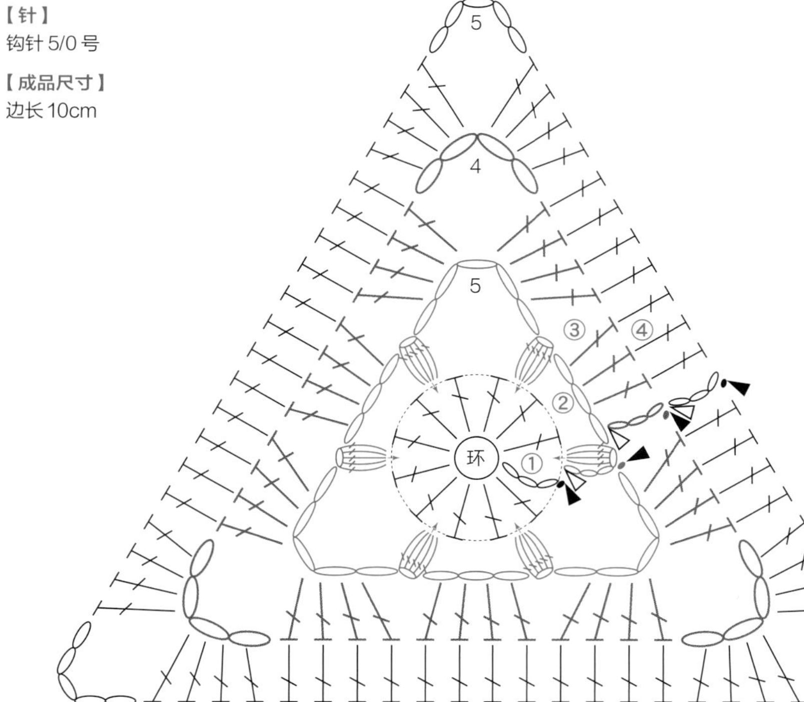

配色表

行数	色名
4	土黄色
3	森林绿
2	石楠紫
1	土黄色

 =5针长针的爆米花针（整束挑起编织）

编织方法

第2行…从前一行的长针和长针之间的间隔处整束挑起编织
第3行…将前一行的锁针整束挑起编织
第4行…在前一行锁针的位置挑针时，整束挑起编织

三角形花片　图片 >> p.21

图片 >> p.21

【所需线材】
DARUMA　Classic Tweed/ 芥末黄（8）、浅灰色（9）…各 2g
Wool Mohair/ 米黄色（2）…1g

【针】
钩针 8/0 号

【成品尺寸】
边长 10cm

▽ = 接线
▼ = 断线

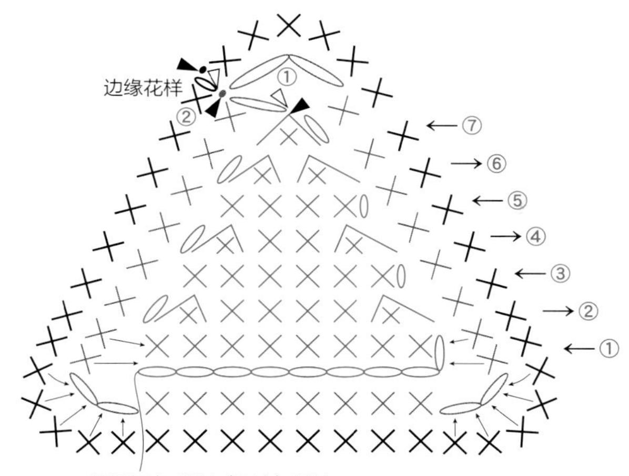

配色表

行数	色名
边缘花样2	米黄色
边缘花样1	芥末黄
1~7	浅灰色

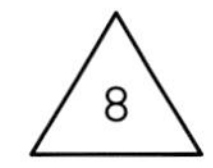

三角形花片　图片 >> p.21

【所需线材】
DARUMA Shetland Wool/ 祖母绿（13）…1.5g；黄色（14）…1g
Gemou 原毛美利奴 / 可可豆（3）、深橘色（18）…各 1g

【针】
钩针 6/0 号

【成品尺寸】
边长 10cm

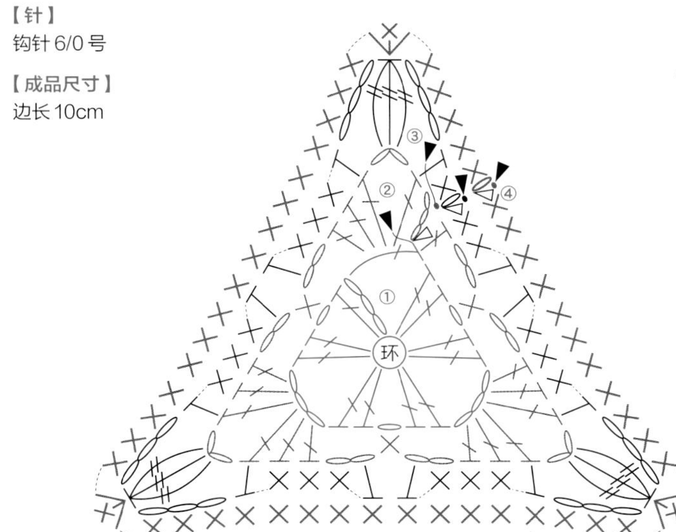

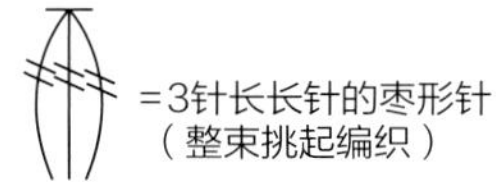

配色表

行数	色名
4	祖母绿
3	可可豆
2	黄色
1	深橘色

编织方法
第2行…将前一行的锁针整束挑起编织
第3、4行…在前一行锁针的位置挑针时，整束挑起编织

三角形花片 图片 >> p.21

【所需线材】
DARUMA Rambouillet Merino Wool/
米黄色（2）、深橘色（7）…各1g；常青绿
（4）…0.5g
Wool Mohair/ 米黄色（2）…1.5g

【针】
钩针6/0号

【成品尺寸】
边长10cm

▽ = 接线
▼ = 断线

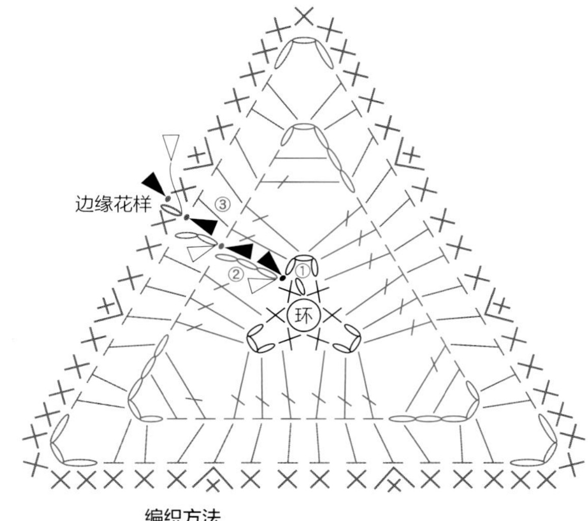

配色表

行数	色名
边缘花样	米黄色 （Rambouillet Merino Wool）
3	米黄色 （Wool Mohair）
2	深橘色
1	常青绿

编织方法
第3、4行…在前一行锁针的位置挑针时，
整束挑起编织

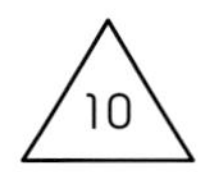

三角形花片 图片 >> p.22

【所需线材】
DARUMA Gemou 原毛美利奴 / 浅米黄
色（2）…1.5g；青柠绿（15）…少量
Rambouillet Merino Wool/ 驼色（3）…
1.5g；常青绿（4）…1g

【针】
钩针6/0号

【成品尺寸】
边长10cm

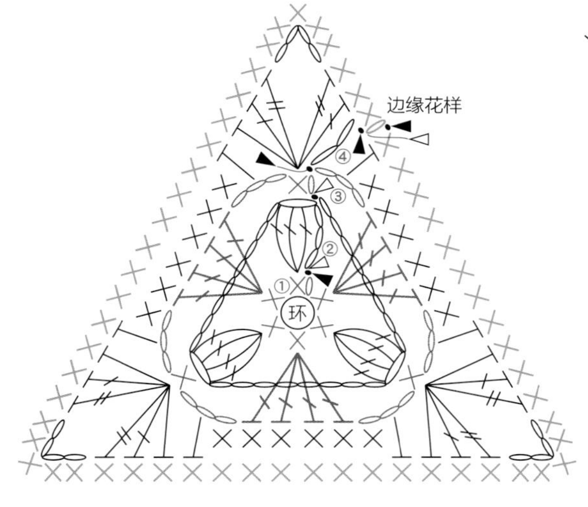

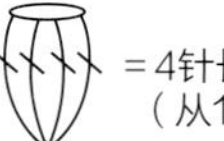
= 4针长针的爆米花针
（从1个针脚挑起编织）

配色表

行数	色名
边缘花样	驼色
4	浅米黄色
3	常青绿
2	浅米黄色
1	青柠绿

编织方法
第3行…包裹前一行的锁针，往第1行的
短针入针编织
第4、5行…在前一行锁针的位置挑针时，
整束挑起编织

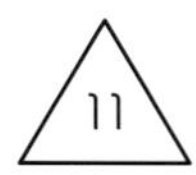

三角形花片　图片 >> p.22

图片 >> p.22

【所需线材】
HAMANAKA Amerry F（合太）/ 万寿菊黄（503）、驼色（520）、浅灰黄色（522）、灰色（523）…各1g

【针】
钩针4/0号

【成品尺寸】
边长10cm

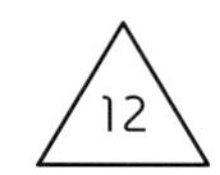

三角形花片　图片 >> p.22

【所需线材】
HAMANAKA PICCOLO/ 白色（2）、柠檬黄（8）、鲑鱼粉（44）、黄绿（48）…各1g

【针】
钩针4/0号

【成品尺寸】
边长10cm

11、12 通用

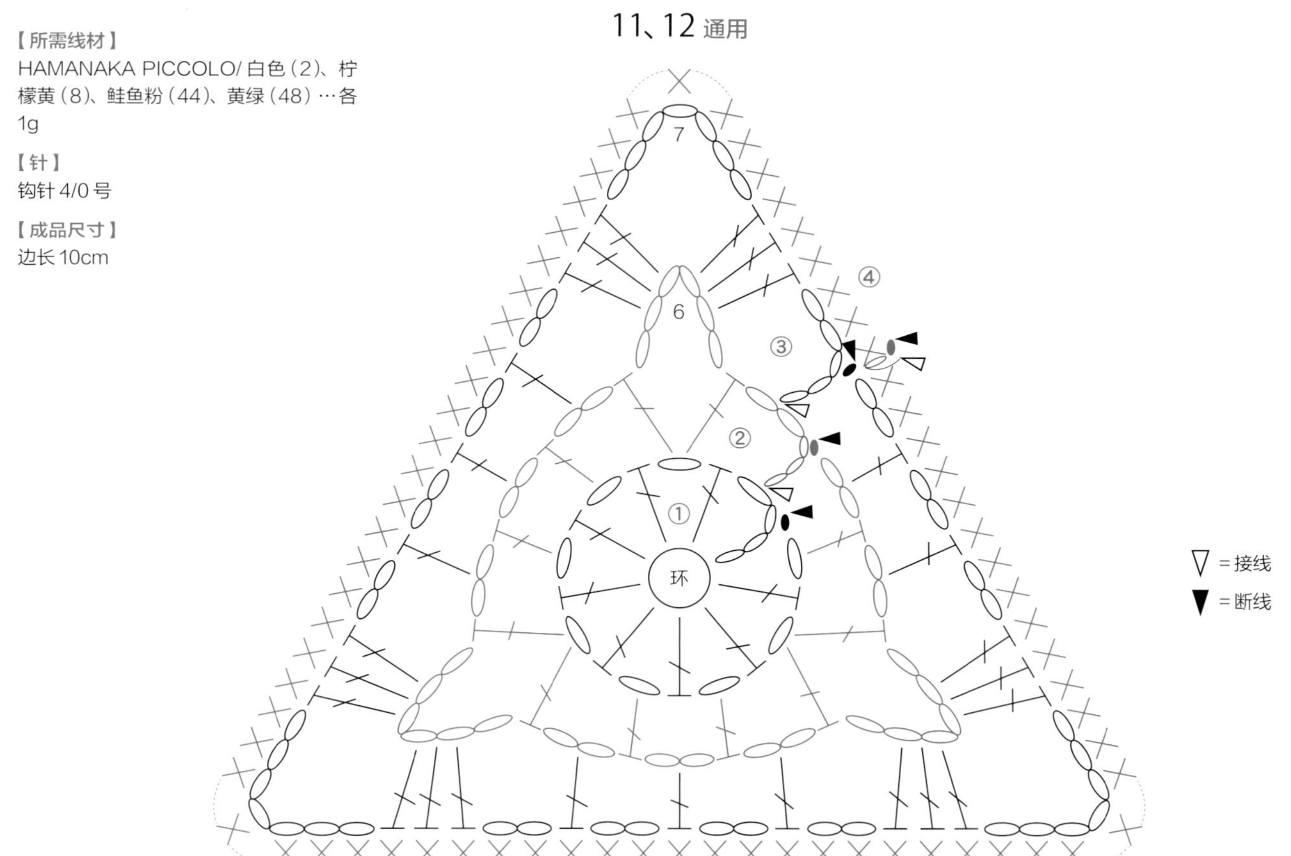

配色表

行数	11	12
4	万寿菊黄	黄绿
3	驼色	鲑鱼粉
2	灰色	柠檬黄
1	浅灰黄色	白色

编织方法
第2、3行…将前一行的锁针整束挑起编织
第4行…在前一行锁针的位置挑针时，整束挑起编织

13 正方形花片 图片 >> p.23

图片 >> p.23

【所需线材】
DARUMA iroiro/ 苔绿色（24）…6g；蜜柑色（35）、樱桃粉（38）…各1g

【针】
钩针 4/0 号

【成品尺寸】
边长10cm

※包裹着渡线编织

配色表

图示	色名
—	蜜柑色
—	樱桃粉
—	苔绿色

15 正方形花片 图片 >> p.23

图片 >> p.23

【所需线材】
HAMANAKA Amerry/ 春绿色（33）…3g；深海军蓝（53）…2g；深红色（5）、孔雀蓝（47）…各1g

【针】
钩针 5/0 号

【成品尺寸】
边长10cm

配色表

行数	色名
4、5	春绿色
3	深海军蓝
2	孔雀蓝
1	深红色

编织方法
第2～4行…将前一行的锁针整束挑起编织
第5行…在前一行锁针的位置挑针时，整束挑起编织

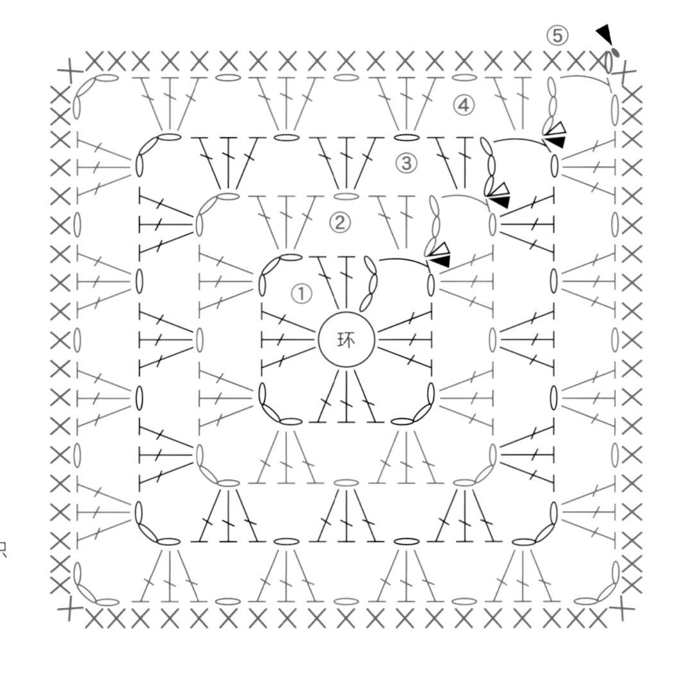

▽ = 接线

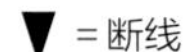 = 断线

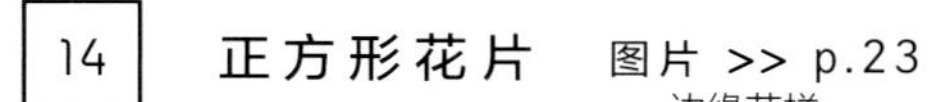

14 正方形花片 图片 >> p.23

图片 >> p.23

【所需线材】
DARUMA iroiro/ 苏打水（22）…9g

【针】
钩针 4/0 号

【成品尺寸】
边长 10cm

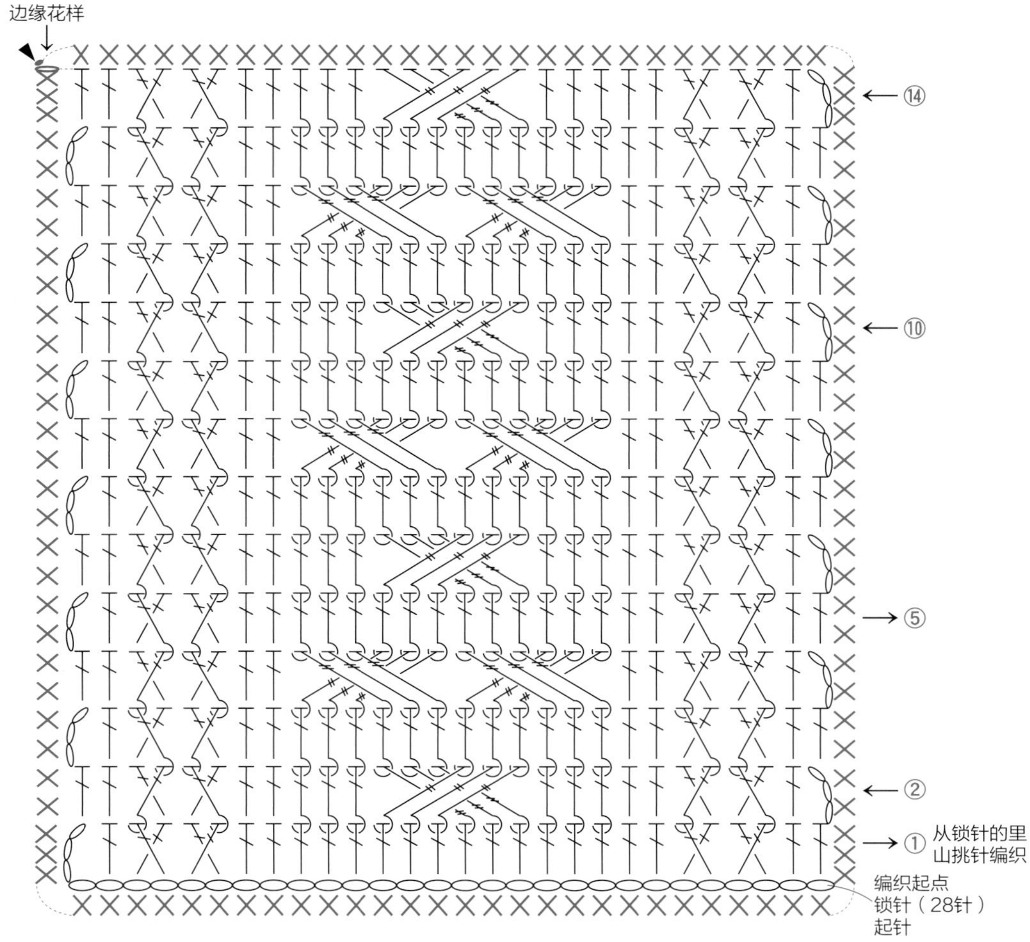

=外钩长针

=外钩长长针

16 正方形花片 图片 >> p.24

图片 >> p.24

【所需线材】
HAMANAKA Amerry/ 肉豆蔻（49）…3g；水蓝色（11）…2g；米黄色（21）、柠檬黄（25）…各 1g

【针】
钩针 5/0 号

【成品尺寸】
边长 10cm

▽ = 接线

▼ = 断线

配色表

行数	色名
5、6	肉豆蔻
3、4	水蓝色
2	米黄色
1	柠檬黄

 =变化的5针中长针的枣形针（从1个针脚挑起编织）

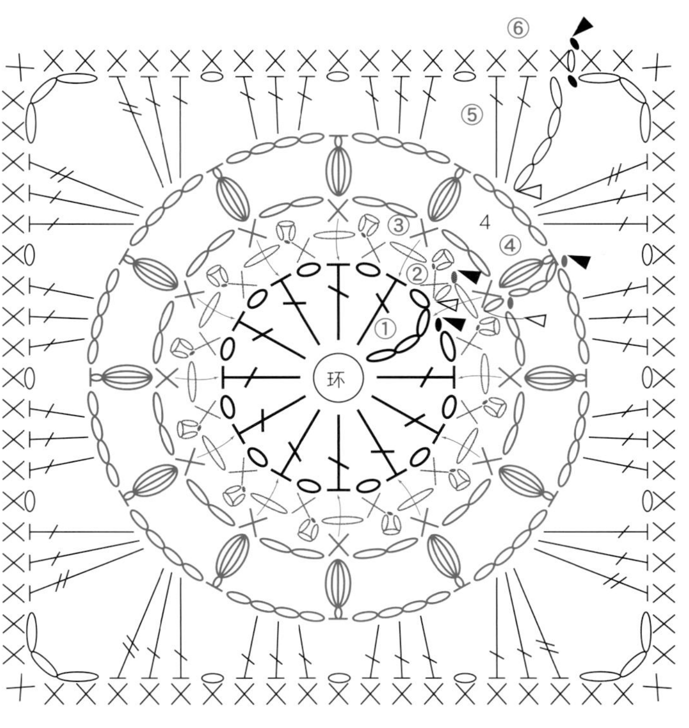

编织方法

第2行…将前一行的锁针整束挑起编织

第3行…X 为包裹着第2行的锁针，挑起第1行的长针头部编织

第5行…将前一行的锁针整束挑起编织

第6行…在前一行锁针的位置挑针时，整束挑起编织

17 正方形花片 图片 >> p.24

【所需线材】
HAMANAKA Amerry/ 森林绿（34）…3g；紫色（18）、梅子红（32）…各2g；丁香紫（42）…1g

【针】
钩针5/0号

【成品尺寸】
边长10cm

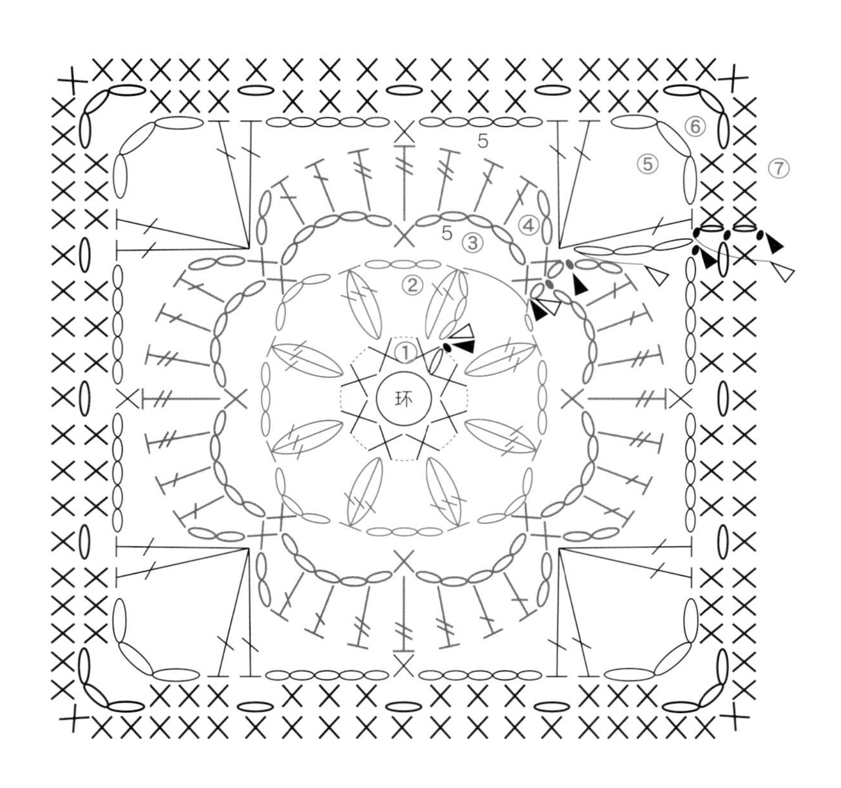

配色表

行数	色名
6、7	森林绿
5	梅子红
3、4	紫色
2	丁香紫
1	梅子红

=3针长针的枣形针（从1个针脚挑起编织）

编织方法

第3行…将前一行的锁针整束挑起编织

第4、6、7行…在前一行锁针的位置挑针时，整束挑起编织

18 正方形花片 图片 >> p.24

【所需线材】
HAMANAKA Amerry/ 雾空色（39）…4g；孔雀蓝（47）…3g

【针】
钩针5/0号

【成品尺寸】
边长10cm

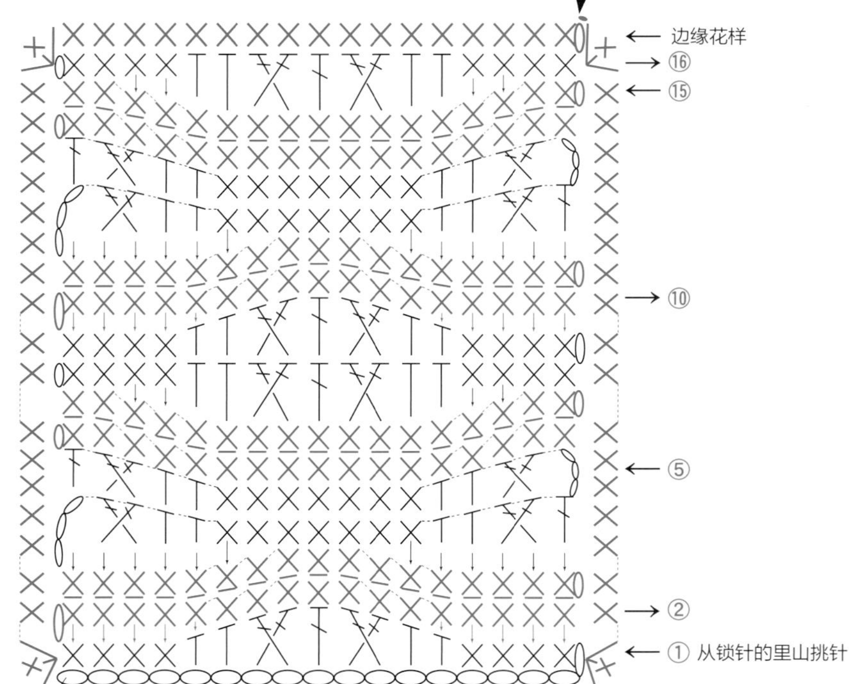

▽ =接线

▼ =断线

配色表

图示	色名
——	孔雀蓝
——	雾空色

X̲ =短针的条纹针

19　正方形花片　图片 >> p.25　重点教程 >> p.36

【所需线材】
DARUMA Shetland Wool/ 祖母绿(13) …2g
Gemou 原毛美利奴 / 浅米黄色(2) …3.5g；深橘色(18) …1.5g

【针】
钩针 6/0 号

【成品尺寸】
边长 10cm

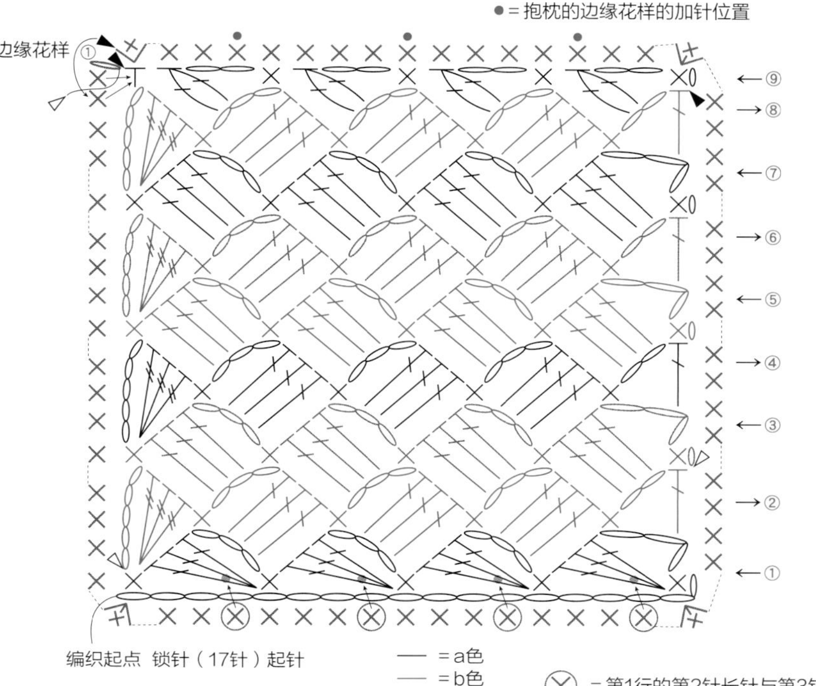

▽ ＝接线
▼ ＝断线

＝断线，将剪断的线尾从挂在钩针上的线环掏出，穿入第2针的头部做缝接，并以U形的走线痕迹重叠在第1针的头部上穿回第1针

— ＝a色
— ＝b色
— ＝c色

⊗ ＝第1行的第2针长针与第3针长针之间的间隔●处入针编织

配色表

a色	b色	c色
浅米黄色	深橘色	祖母绿

20　正方形花片　图片 >> p.25

【所需线材】
DARUMA Rambouillet Merino Wool/ 驼色(3) …6.5g

【针】
钩针 6/0 号

【成品尺寸】
边长 10cm

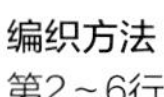

编织方法
第2～6行… 在前一行锁针的位置挑针时，整束挑起编织

＝5针长针的爆米花针

21 正方形花片 图片 >> p.25

【所需线材】
DARUMA Rambouillet Merino Wool/
驼色（3）…2g
Shetland Wool/ 燕麦色（2）…2g；祖母绿（13）、黄色（14）…各1.5g

【针】
钩针 6/0 号

【成品尺寸】
边长10cm

编织方法
第3、4行…将前一行的锁针整束挑起编织
第5、6行…在前一行锁针的位置挑针时，整束挑起编织

= 断线，将剪断的线尾从挂在钩针上的线环掏出，穿入第2针的头部做缝接，并以U形的走线痕迹重叠在第1针的头部上穿回第1针

配色表

行数	色名
6	燕麦色
5	驼色
4	祖母绿
3	黄色
2	燕麦色
1	驼色

22 正方形花片 图片 >> p.26 重点教程 >> p.37

【所需线材】
DARUMA Gemou 原毛美利奴 / 青柠绿（15）、深橘色（18）…各2g；浅米黄色（2）…3g

【针】
钩针 7/0 号

【成品尺寸】
边长10cm

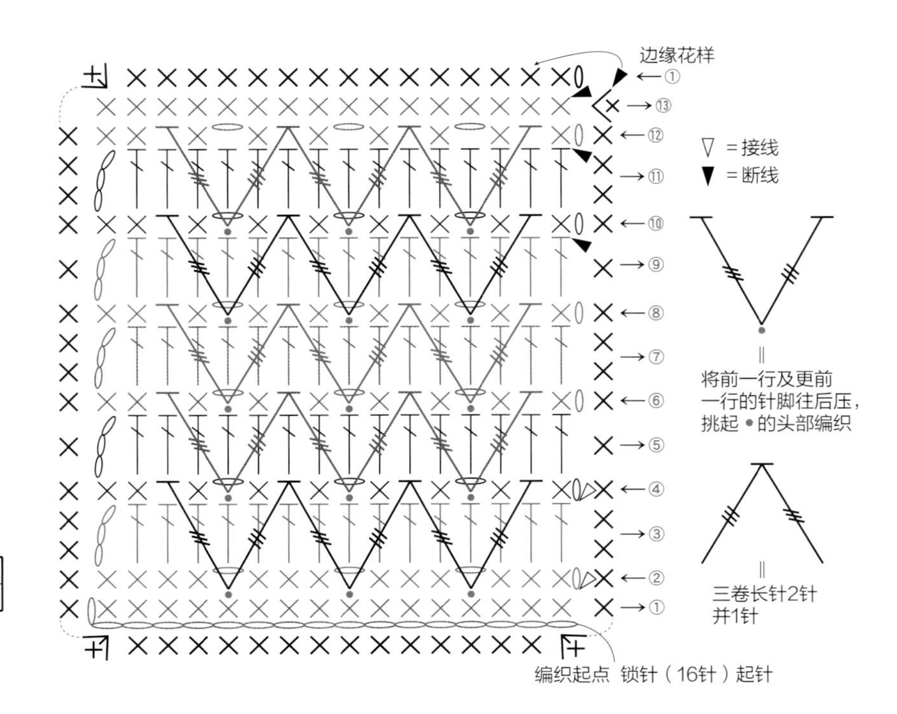

▽ = 接线
▼ = 断线

配色表

——	——	——
深橘色	青柠绿	浅米黄色

23 正方形花片 图片 >> p.26

【所需线材】
DARUMA 空气羊驼 / 海军蓝 × 生成色（10）…5g；生成色（1）…2g

【针】
钩针 6/0 号

【成品尺寸】
边长 10cm

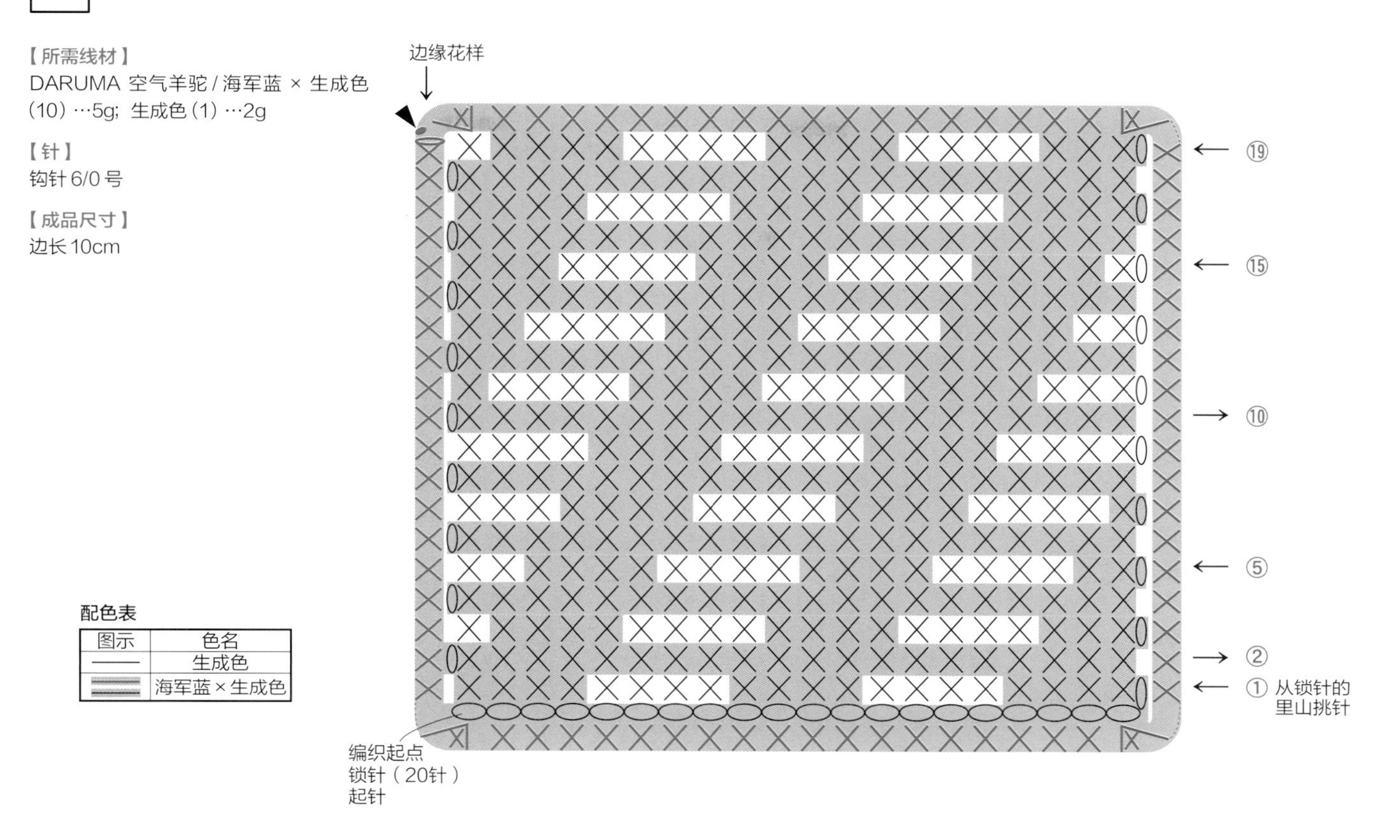

配色表

图示	色名
——	生成色
▤	海军蓝 × 生成色

24 正方形花片 图片 >> p.26 重点教程 >> p.37

【所需线材】
DARUMA Dulcian（合细马海毛）/ 黄色（17）、灰色（39）…各 4g

【针】
钩针 8/0 号

【成品尺寸】
边长 10cm

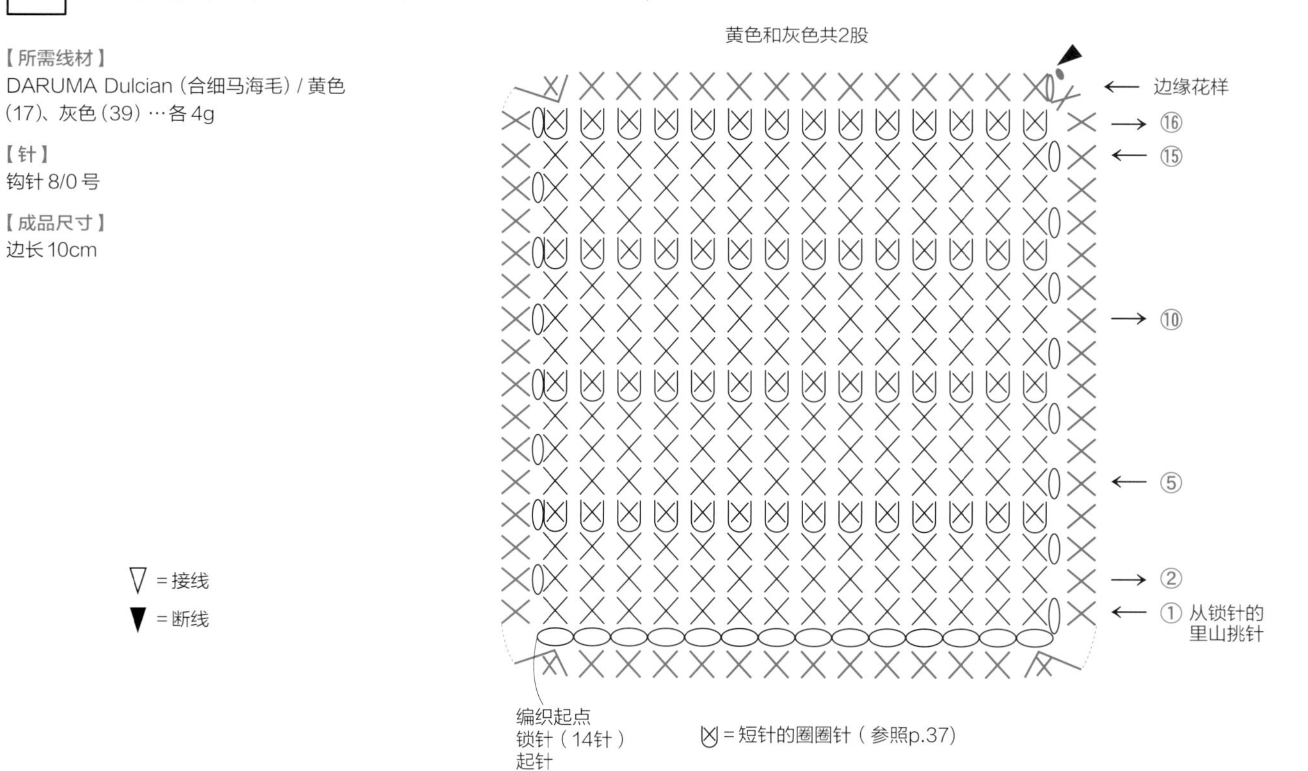

▽ = 接线
▼ = 断线

25 正方形花片 图片 >> p.27

【所需线材】
HAMANAKA Amerry F（合太）/ 朱橙色（507）、驼色（520）、浅灰黄色（522）、灰色（523）…各1g

【针】
钩针4/0号

【成品尺寸】
边长10cm

配色表

行数	色名
10	朱橙色
9	驼色
8	朱橙色
7	驼色
6	灰色
4、5	浅灰黄色
3	驼色
1、2	朱橙色

=钩针挂2圈线（把线拉长），编织长长针，钩1针锁针，针头挂线，从长长针的下方挑针把线拉出，钩长针

=3针中长针的枣形针（整束挑起编织）

编织方法
第2、3行…将前一行的锁针整束挑起编织
第4～7行…在前一行锁针的位置挑针时，整束挑起编织

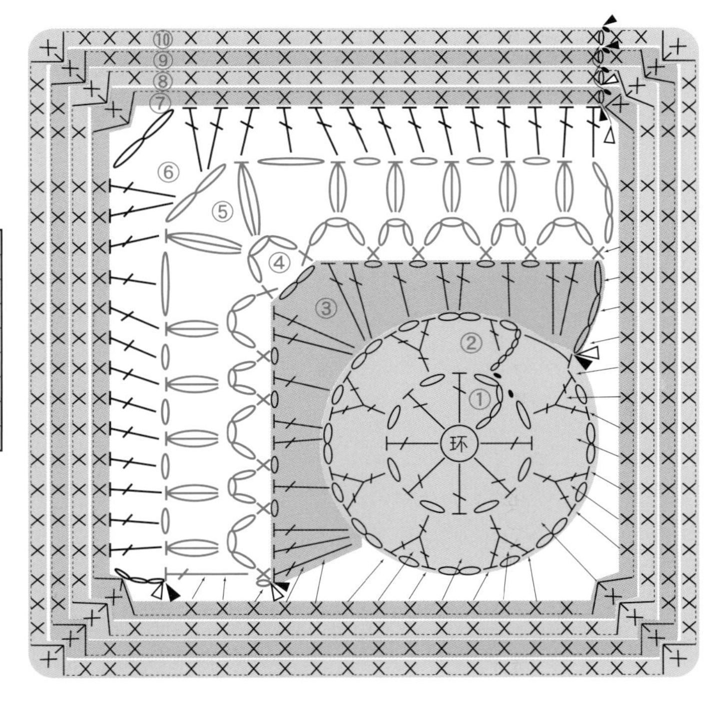

26 正方形花片 图片 >> p.27

【所需线材】
HAMANAKA PICCOLO/ 白色（2）、粉色（5）、柠檬黄（8）、浅蓝色（43）、黄绿色（48）…各1g

【针】
钩针4/0号

【成品尺寸】
边长10cm

配色表

行数	色名
10	白色
9	粉色
8	白色
7	柠檬黄
6	白色
4、5	黄绿色
3	白色
1、2	浅蓝色

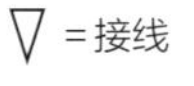
▽ =接线
▼ =断线

=3针中长针的枣形针（整束挑起编织）

编织方法
第2、3行…将前一行的锁针整束挑起编织
第4～7行…在前一行锁针的位置挑针时，整束挑起编织

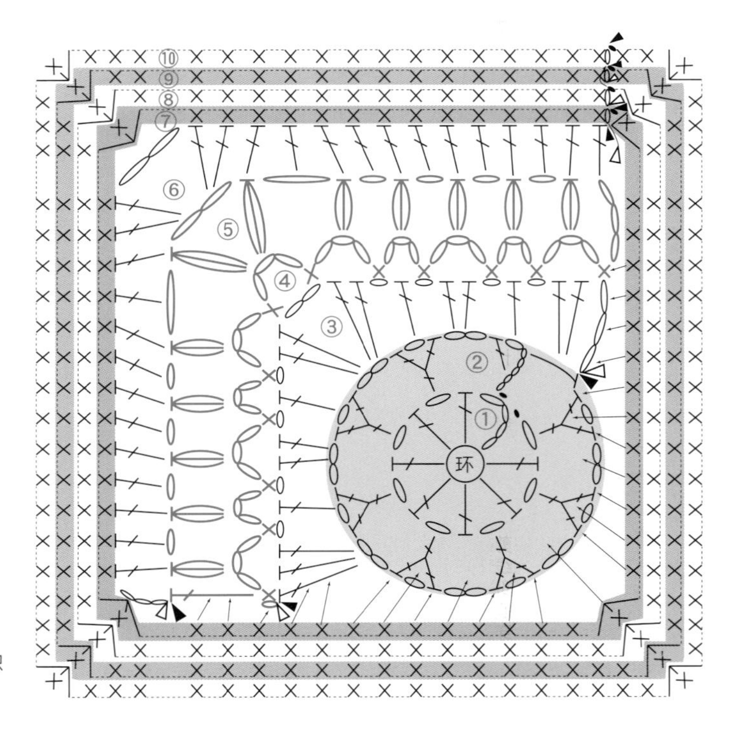

27　长方形花片　图片 >> p.28　重点教程 >> p.38

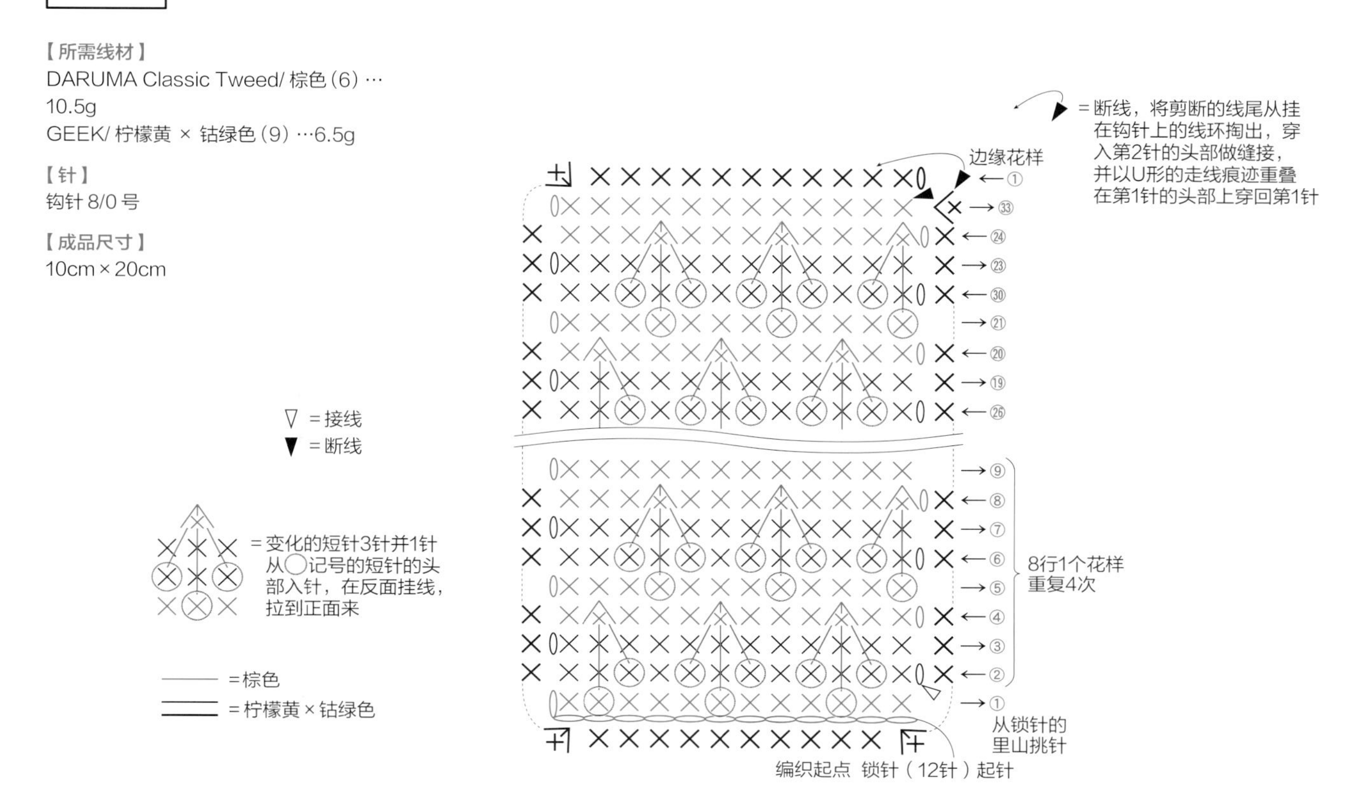

【所需线材】
DARUMA Classic Tweed/ 棕色（6）…10.5g
GEEK/ 柠檬黄 × 钴绿色（9）…6.5g

【针】
钩针 8/0 号

【成品尺寸】
10cm × 20cm

28　长方形花片　图片 >> p.28

【所需线材】
DARUMA Shetland Wool/ 燕麦色（2）…14.5g

【针】
钩针 6/0 号

【成品尺寸】
10cm × 20cm

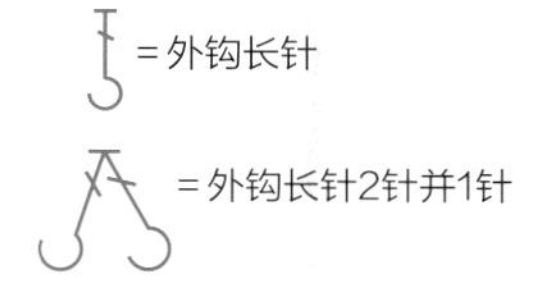

=断线，将剪断的线尾从挂在钩针上的线环掏出，穿入第2针的头部做缝接，并以U形的走线痕迹重叠在第1针的头部上穿回第1针

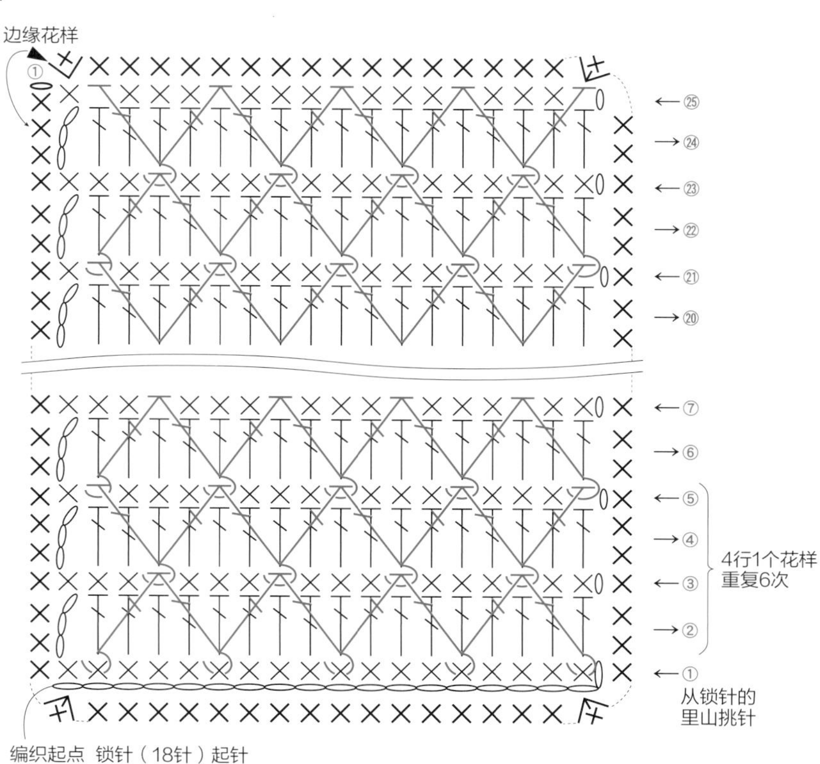

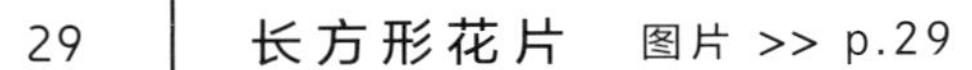

29 长方形花片 图片 >> p.29

【所需线材】
DARUMA Gemou 原毛美利奴 / 灰粉色（22）…13g

【针】
钩针 7/0 号

【成品尺寸】
10cm × 20cm

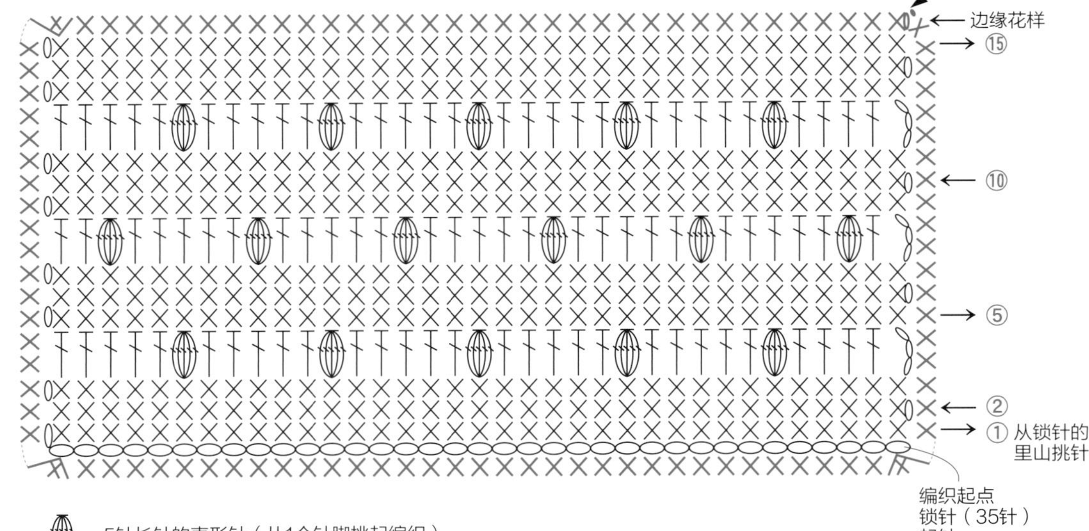

▼ = 断线

= 5针长针的枣形针（从1个针脚挑起编织）

30 长方形花片 图片 >> p.29

【所需线材】
DARUMA SOFT LAMBS 软羊毛 / 生成色（2）、青苹果（18）…各 5g；绿色（40）…3g

【针】
钩针 6/0 号

【成品尺寸】
10cm × 20cm

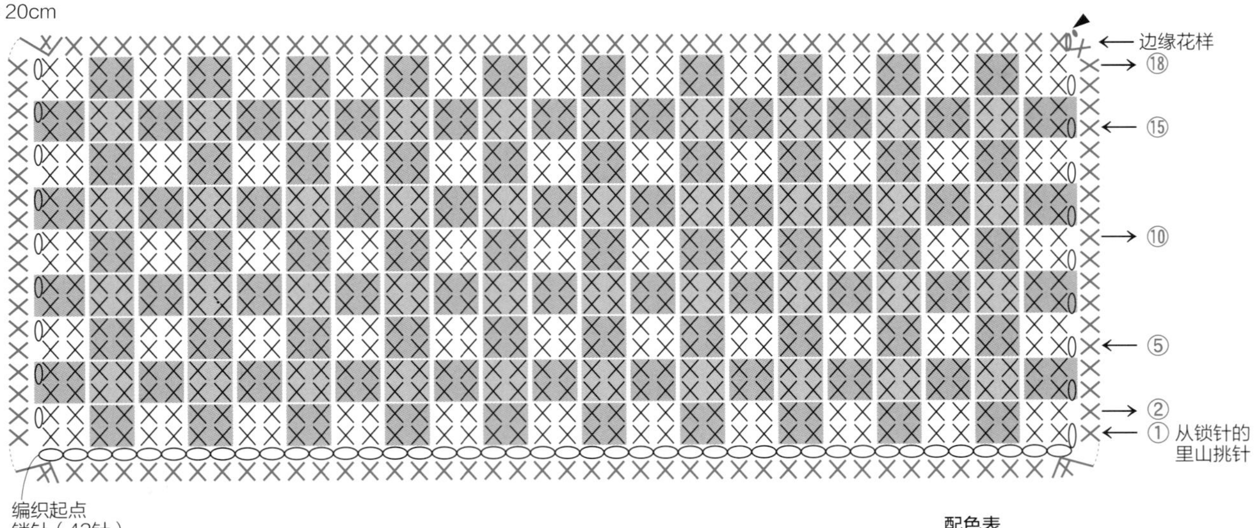

配色表

图示	色名
▬	绿色
▬	青苹果
═	生成色

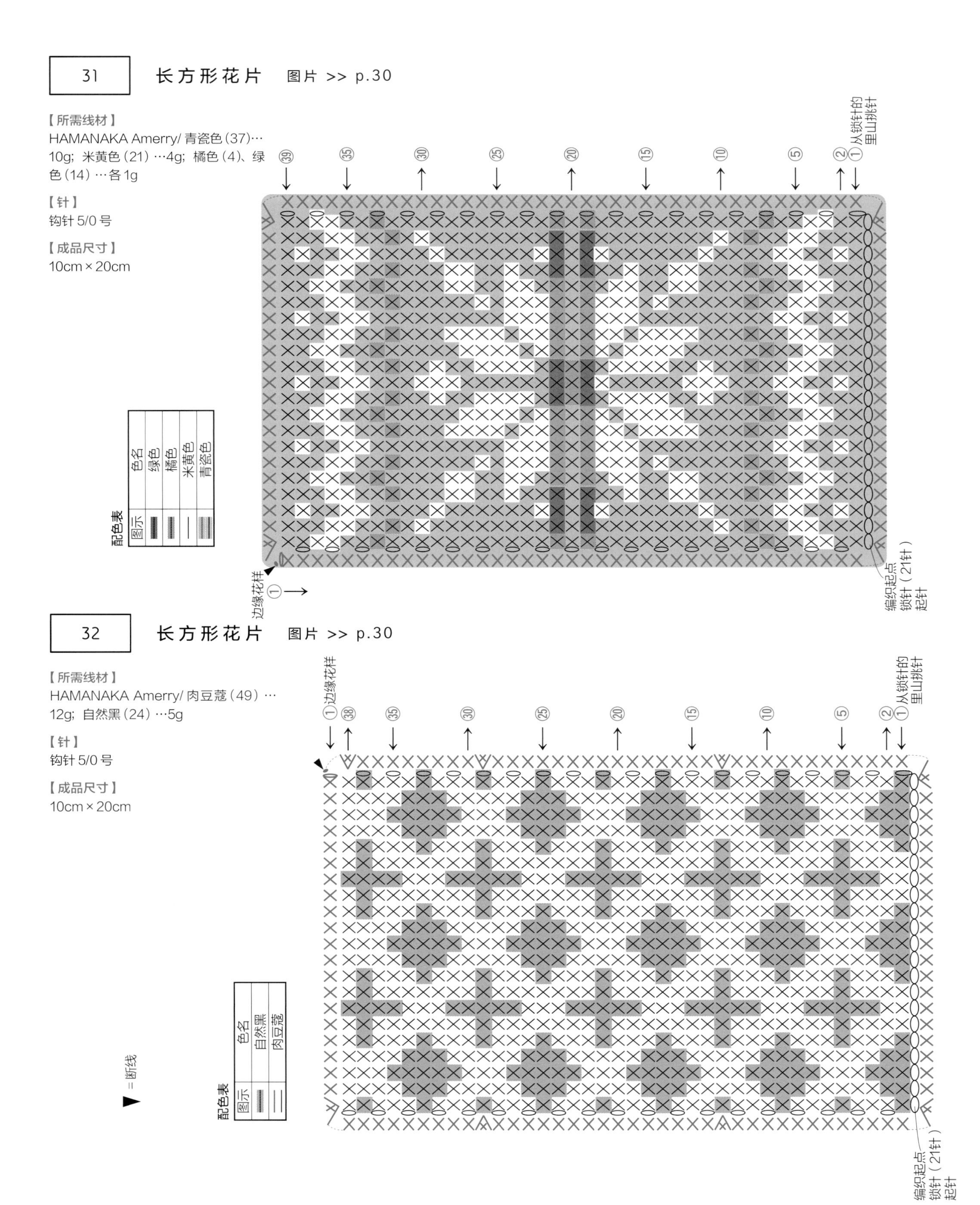
31
长方形花片
图片 >> p.30
【所需线材】
HAMANAKA Amerry/ 青瓷色（37）…10g；米黄色（21）…4g；橘色（4）、绿色（14）…各1g
【针】
钩针5/0号
【成品尺寸】
10cm × 20cm
配色表
图示
色名
绿色
橘色
米黄色
青瓷色
从锁针的里山挑针
编织起点 锁针（21针）起针
边缘花样
32
长方形花片
图片 >> p.30
【所需线材】
HAMANAKA Amerry/ 肉豆蔻（49）…12g；自然黑（24）…5g
【针】
钩针5/0号
【成品尺寸】
10cm × 20cm
配色表
图示
色名
自然黑
肉豆蔻
= 断线
边缘花样
从锁针的里山挑针
编织起点 锁针（21针）起针

33　长方形花片　图片 >> p.31

【所需线材】
HAMANAKA Amerry/ 草绿色（13）…16g

【针】
钩针 5/0 号

【成品尺寸】
10cm × 20cm

⑳ ⑮ ⑩ ⑤ ② ①

从锁针的里山挑针

编织起点 锁针（21针）起针

= 外钩长针

= 外钩长长针

34　长方形花片　图片 >> p.31　重点教程 >> p.38

【所需线材】
HAMANAKA Amerry/ 燕麦色（40）…14g

【针】
钩针 5/0 号

【成品尺寸】
10cm × 20cm

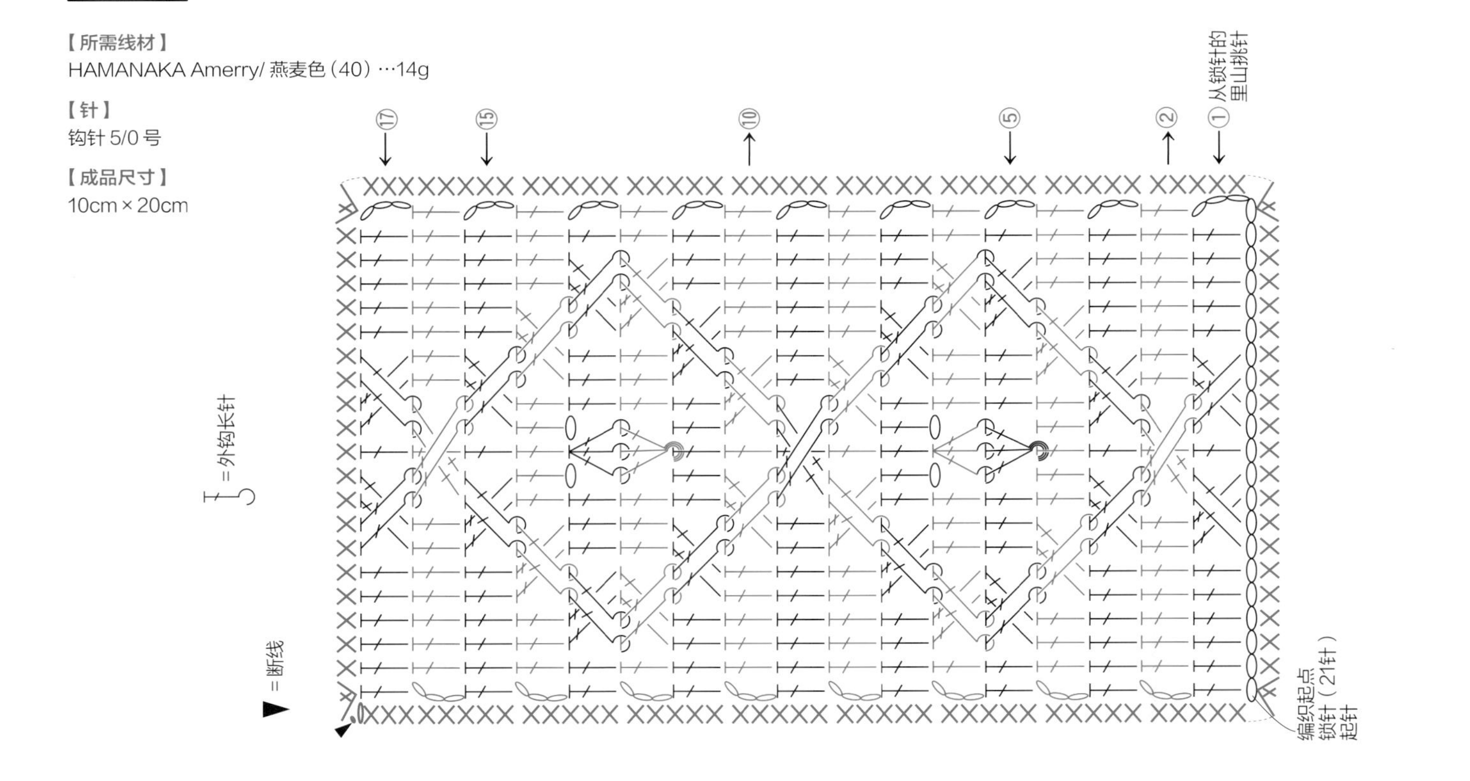

35　长方形花片　图片 >> p.32

【所需线材】
HAMANAKA Amerry/ 自然白（20）…7g；燕麦色（40）…3g；肉桂色（50）…6g

【针】
钩针 5/0 号

【成品尺寸】
10cm × 20cm

配色表

行数	色名
5	自然白
4	肉桂色
3	燕麦色
2	自然白
1	肉桂色

编织方法

第2～5行
对前一行为锁针的位置挑针时，整束挑起编织
其他位置则从前一行的针脚和针脚之间的间隔整束挑起编织

▽ = 接线
▼ = 断线

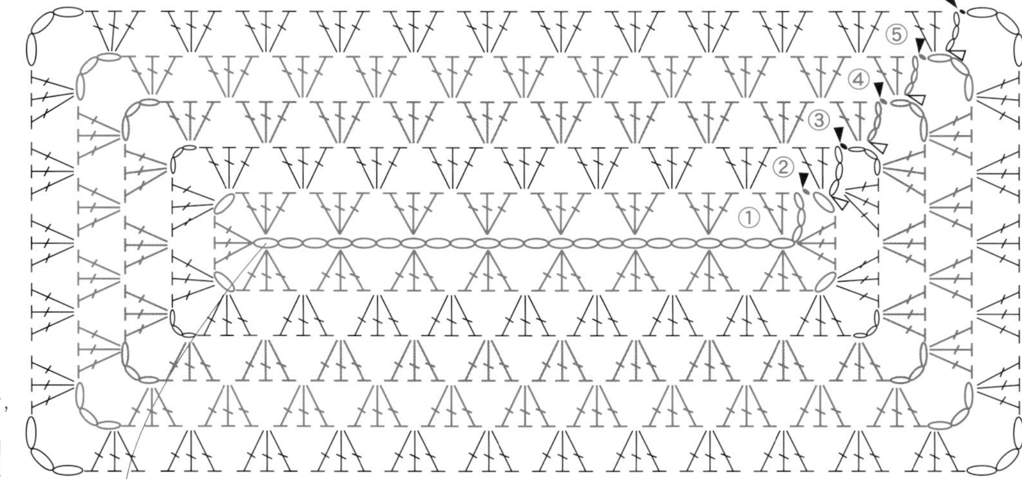

编织起点 锁针（22针）起针
从锁针的里山挑针

36　长方形花片　图片 >> p.32

【所需线材】
DARUMA SOFT LAMBS 软羊毛 / 青苹果（18）…11g；生成色（2）…4g

【针】
钩针 5/0 号

【成品尺寸】
10cm × 20cm

配色表

图示	色名
——	生成色
▤	青苹果

边缘花样
→ ㉔
→ ⑳
← ⑮
→ ⑩
← ⑤
→ ②
← ①

编织起点 锁针（49针）起针

从锁针的里山挑针

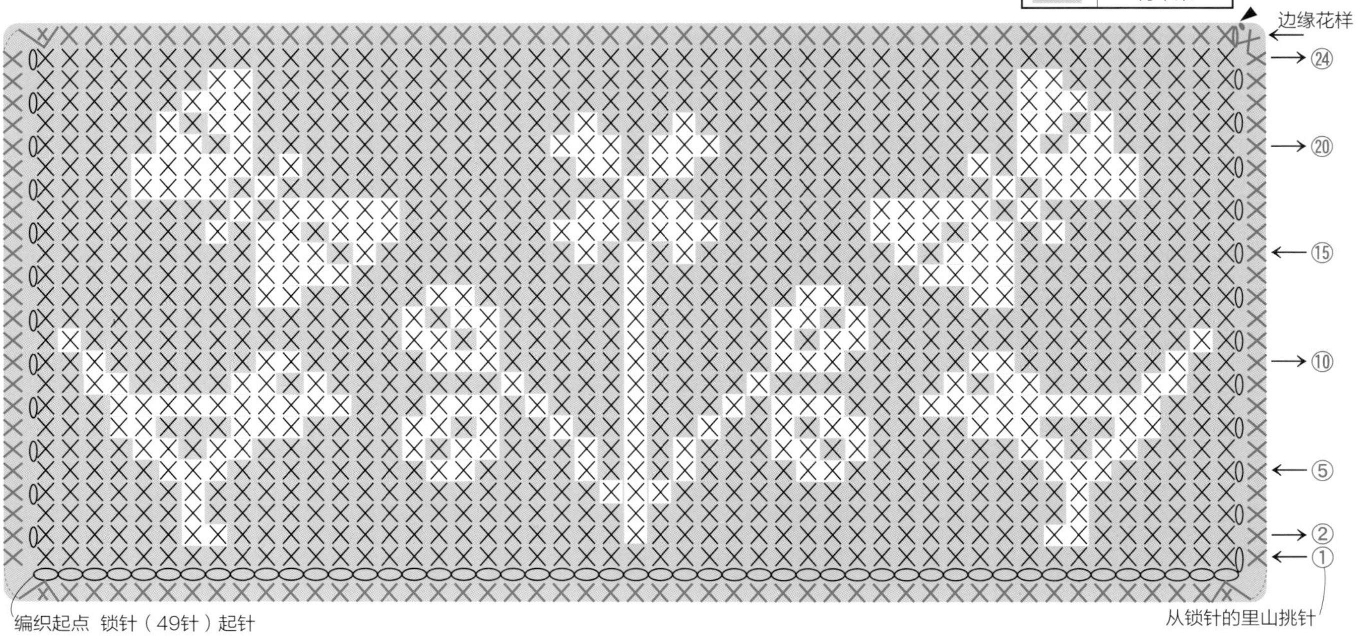

37 长方形花片 图片 >> p.33

【所需线材】
DARUMA SOFT LAMBS 软羊毛 / 烟粉色（31）…14g；香草（8）…1g

【针】
钩针 5/0 号

【成品尺寸】
10cm × 20cm

38 长方形花片 图片 >> p.33

【所需线材】
HAMANAKA Amerry/ 蓝绿色（12）、土黄色（41）…各 7g

【针】
钩针 6/0 号

【成品尺寸】
10cm × 20cm

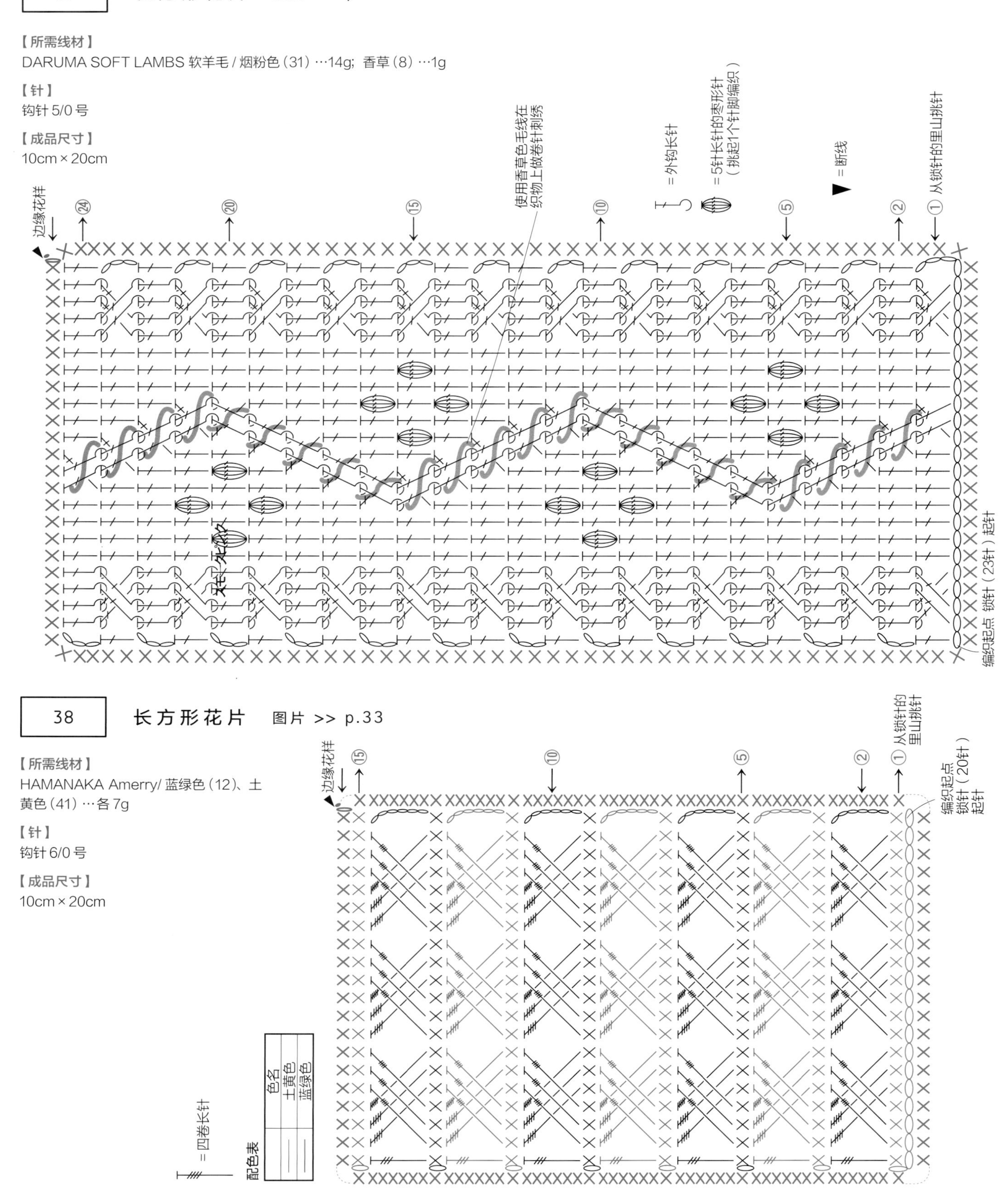

39 六边形花片 图片 >> p.34

【所需线材】
HAMANAKA PICCOLO/ 山吹色（25）、玫红色（22）、灰色（50）、酸橙色（56）、荧光橙（58）…各 3g

【针】
钩针 4/0 号

【成品尺寸】
边长 10cm

配色表

行数	色名
11	灰色
10	酸橙色
9	玫红色
8	山吹色
7	荧光橙
6	灰色
5	酸橙色
4	玫红色
3	山吹色
2	荧光橙
1	灰色

编织方法

第2行… 为挑起第1行的锁针编织

第10行… 为将第9行的锁针整束挑起编织

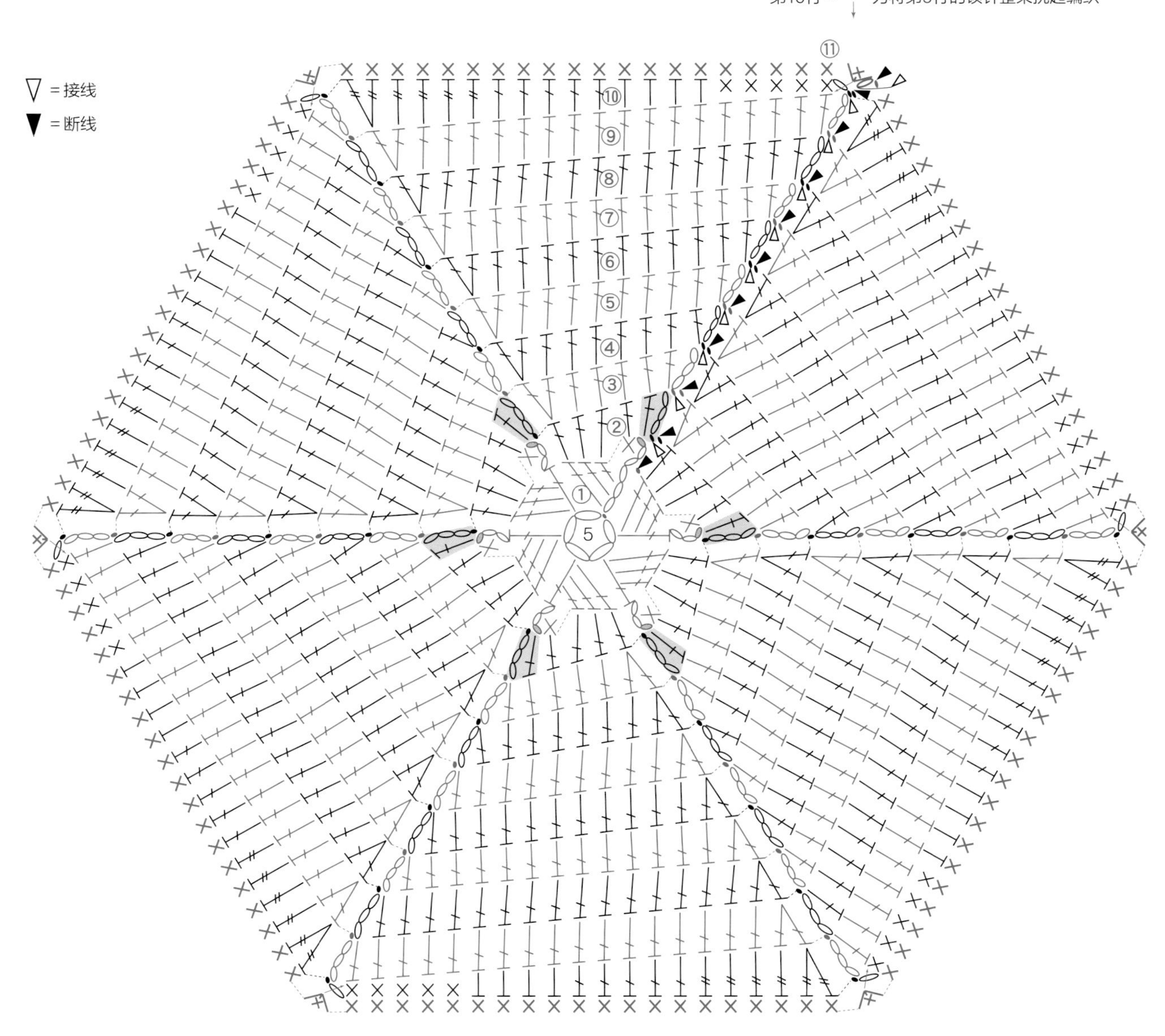

40 六边形花片 图片 >> p.35

【所需线材】
HAMANAKA Amerry/ 自然黑(24)、土黄色(41)…各6g；灰色(22)…4g

【针】
钩针5/0号

【成品尺寸】
边长10cm

配色表

行数	色名
9	自然黑
8	土黄色
7	灰色
6	土黄色
5	自然黑
4	土黄色
3	灰色
2	自然黑
1	土黄色

编织方法

第2、3行…将前一行的锁针整束挑起编织
第4行…⊗为从第2行的针与针之间的间隔整束挑起编织

第6～9行…在前一行锁针的位置挑针时，整束挑起编织

▽ = 接线
▼ = 断线

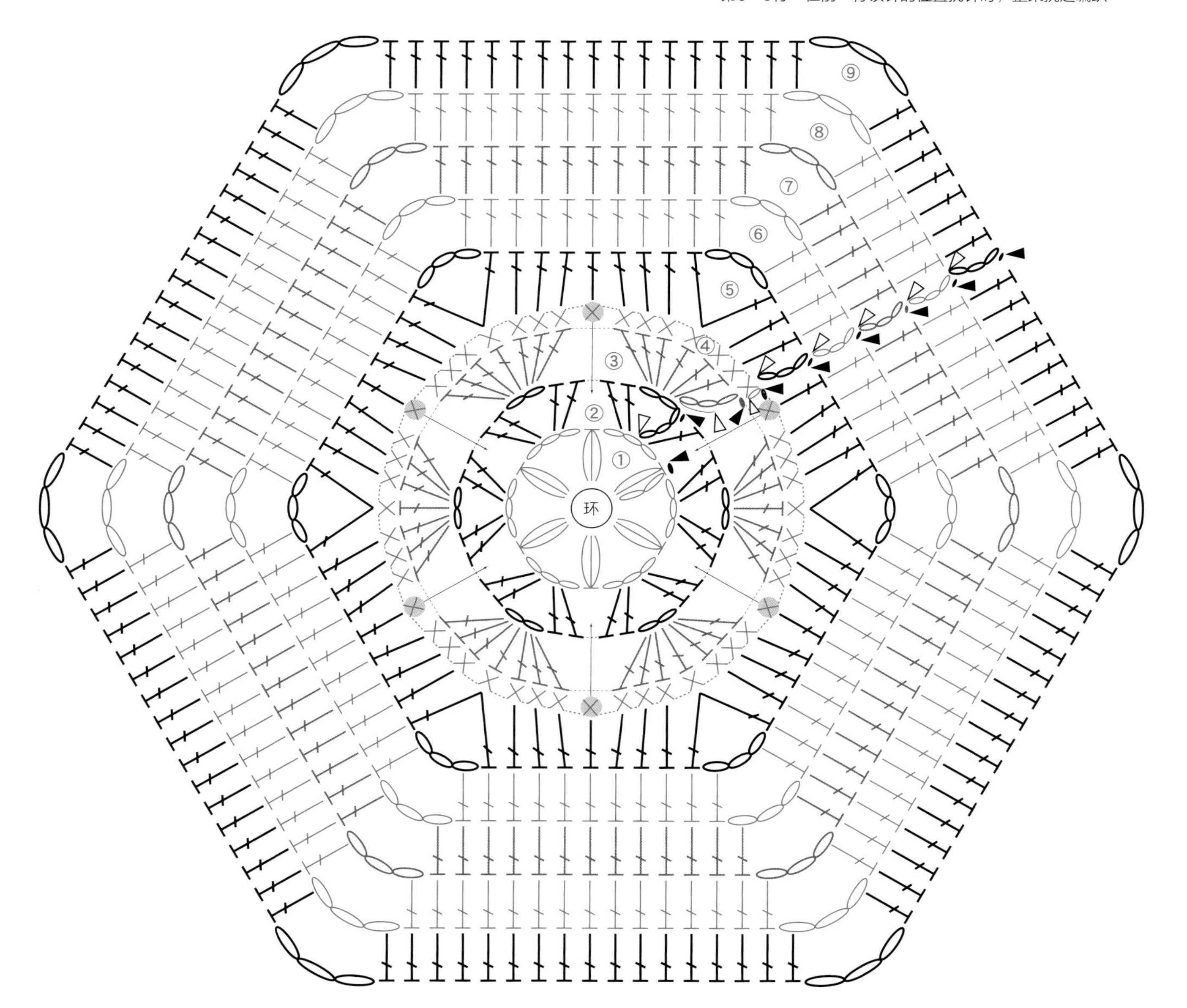

六边形花片 图片 >> p.35

【所需线材】
HAMANAKA Amerry/ 自然白（20）…8g；珊瑚粉（27）…3g；红棕色（32）、春绿色（33）、孔雀蓝（47）…各 2g

【针】
钩针 5/0 号

【成品尺寸】
边长 10cm

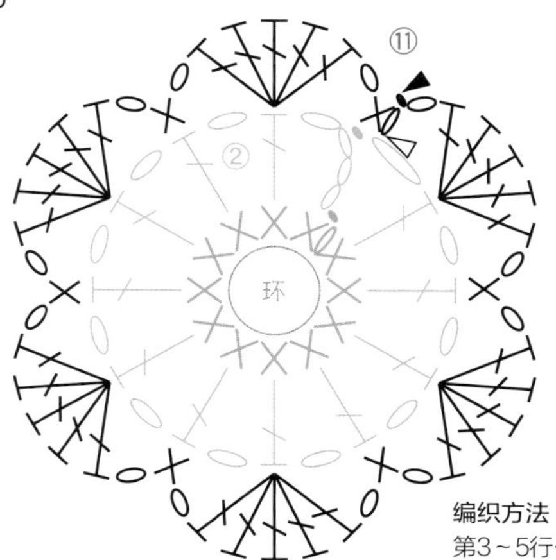

配色表

行数	色名
11	珊瑚粉
10	孔雀蓝
7～9	自然白
6	珊瑚粉
5	红棕色
2～4	春绿色
1	孔雀绿

编织方法
第3～5行…将前一行的锁针整束挑起编织
第8～10行…在前一行锁针的位置挑针时，整束挑起编织
第11行…挑起第2行的长针编织

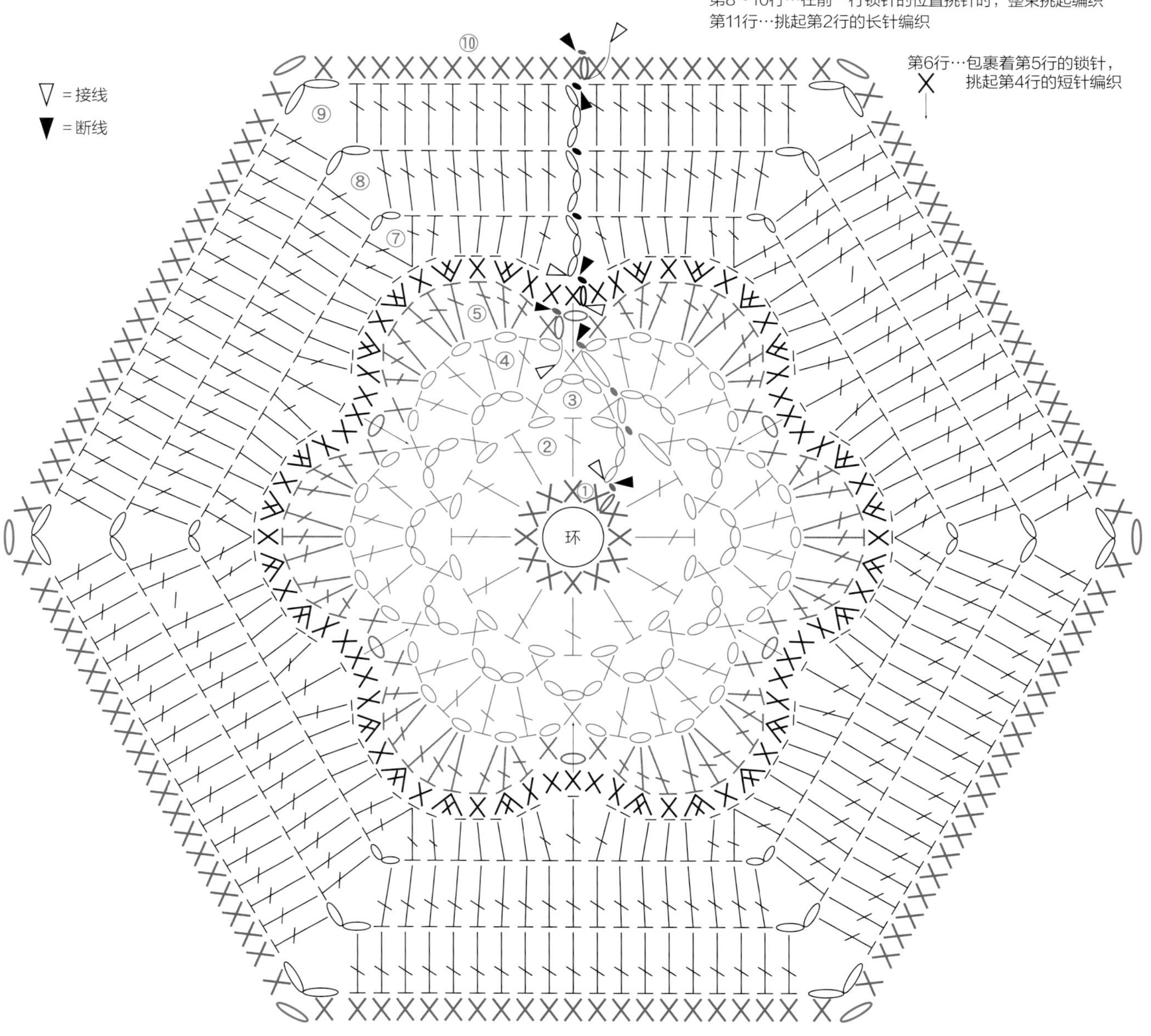

如何看懂符号图

符号图均表示从织物正面看到的状态，根据日本工业标准（JIS）制定。钩针编织没有正针和反针的区别（内钩和外钩针除外），交替看着正、反面进行往返钩织时也用相同的针法符号表示。

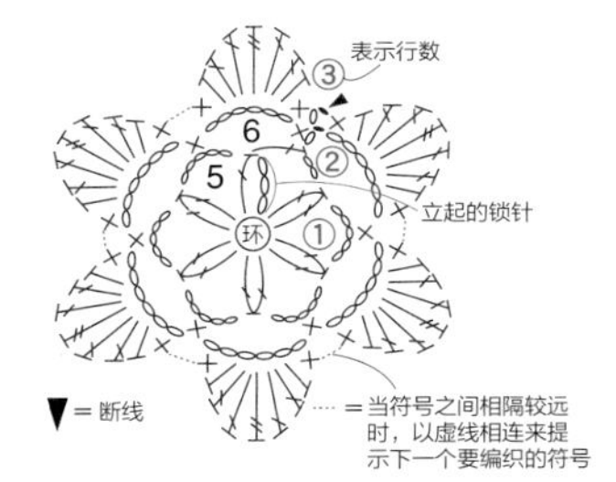

从中心向外环形钩织时

将中心做成线环（或锁针连接成环），一圈一圈地环形编织。每一行的起点都要有立起的锁针，然后继续编织。一般是以织物的正面朝前，从右向左阅读记号图进行编织。

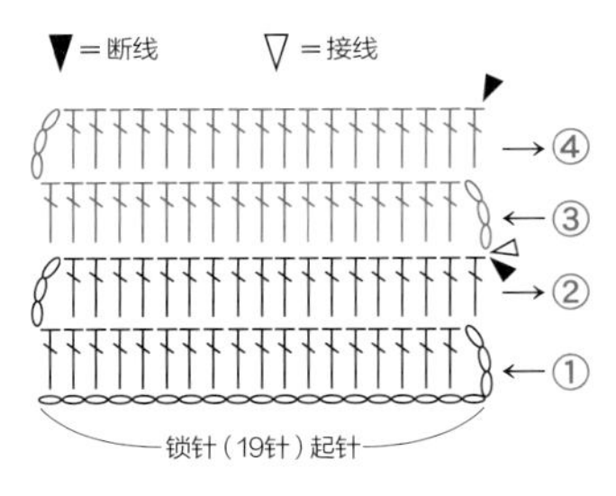

往返钩织时

特点是左右都有起立针，起立针位于右侧时，面朝织物的正面，从右向左按符号图进行编织。起立针位于左侧时，面朝织物的反面，从左向右按符号图进行编织。图中的符号表示第3行换成配色线。

带线和持针的方法

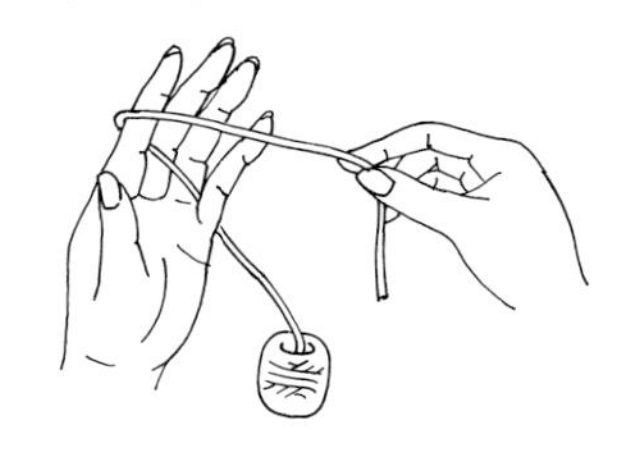

1 毛线在左手小指和无名指之间往前方带出，再绕到食指上，线尾往前方拉出。

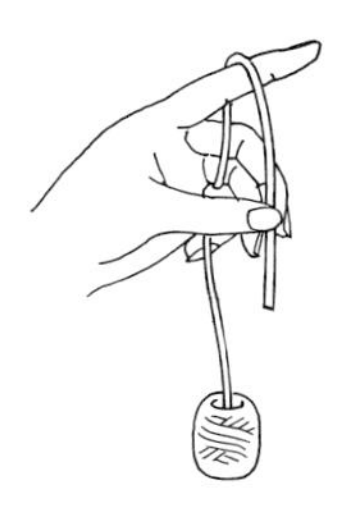

2 用拇指和中指捏住线尾，竖起食指使线绷紧。

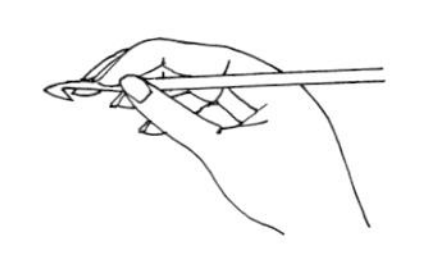

3 用拇指和食指拿针，中指轻轻抵在针头上。

起始针的钩织方法

1 针头置于毛线的后方，如箭头所示转动针头。

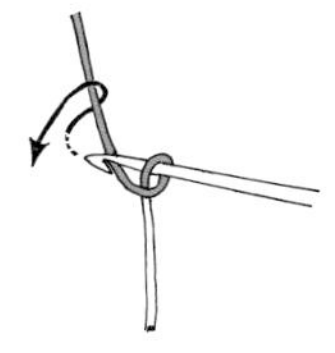

2 再在针头上挂线。

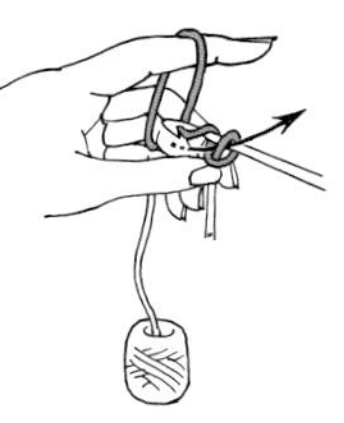

3 从线环中将线向前拉出。

4 把线尾拉紧，完成起始针（这一针不计入针数）。

起针

从中心向外环形钩织时（使用线环起针）

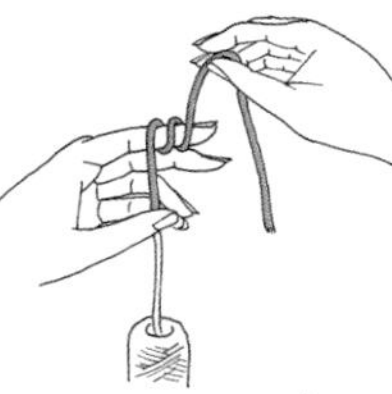

1 在左手食指绕2圈毛线，形成线环。

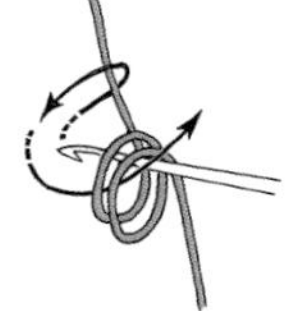

2 从手指上取下线环，用手捏着，把针插入线环中间，如箭头方向挂线，往前方拉出。

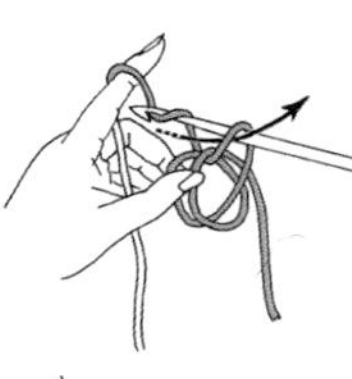

3 针头再次挂线拉出，形成立起的锁针。

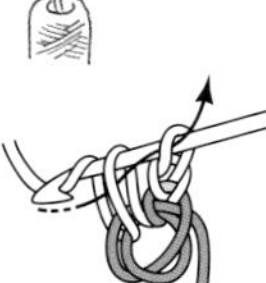

4 编织第1圈，从线环的中间入针，钩出所需数量的短针。

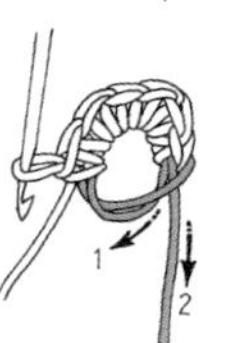

5 暂时把钩针取出，分别将最初的线环（1）和线尾（2）拉紧。

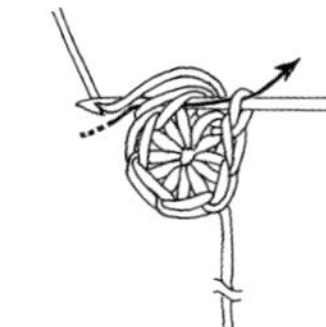

6 第1圈结束时，在第1针短针的头部入针，挂线做引拔针。

从中心向外环形钩织时（使用锁针起针）

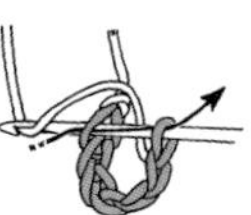

1 钩出所需数量的锁针，挑起第1针锁针的半针入针做引拔针。

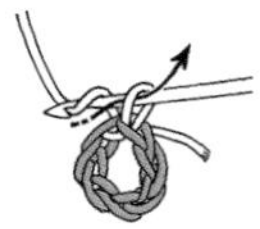

2 针头挂线拉出。形成立起的锁针。

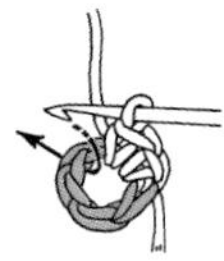

3 编织第1圈，从线环的中间入针，钩出所需的短针数量。

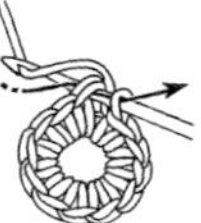

4 第1圈结束时，往第1针短针的头部入针，挂线拉做引拔针。

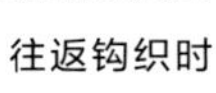

往返钩织时

1 钩出所需数量的锁针及立起的锁针，从钩针倒数第2针锁针入针，挂线拉出。

2 针头挂线，如箭头方向将线拉出。

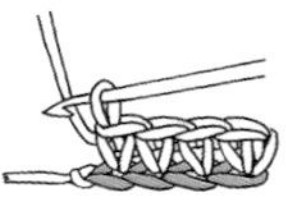

3 完成第1行（立起的1针锁针不计入针数）。

锁针的识别方法

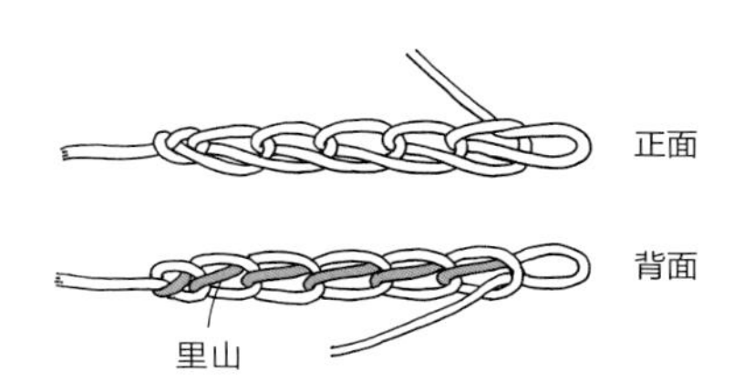

锁针有正面和背面之分。在背面中央有一条突出的位置，被称为锁针的"里山"。

从前一行的针目挑针的方法

挑起一个针脚（的头部）入针

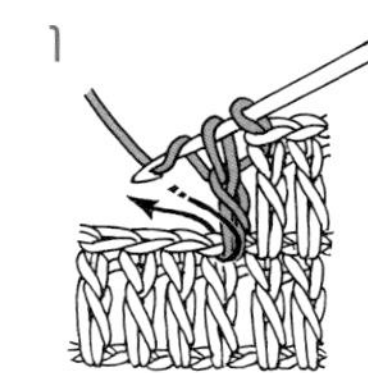

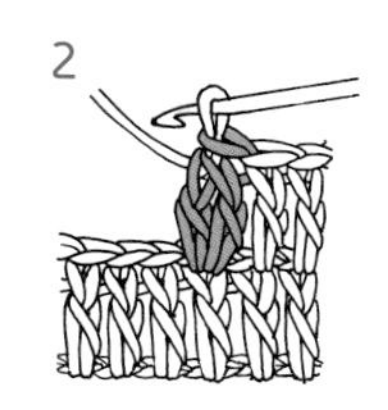

挑起整束锁针编织

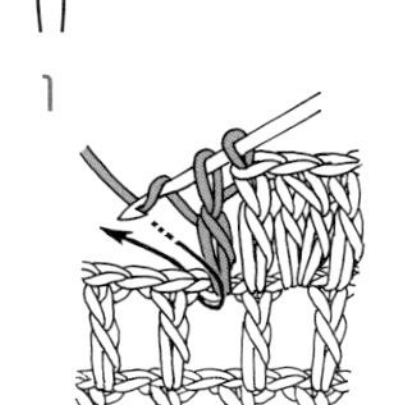

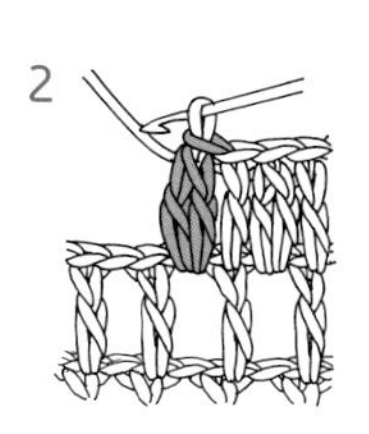

即使是同样的枣形针，符号不同，挑针的方法也不同。当符号下方为闭合形状时，表示挑起前一行的针脚（的头部）来编织，当符号下方为开放形状时，表示挑起前一行的整束锁针编织。

针法符号

锁针

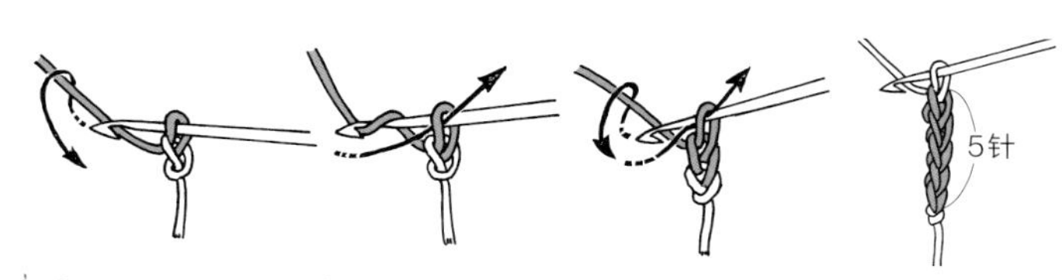

1 钩起始针，接着在针头挂线。

2 将挂线拉出，完成1针锁针。

3 重复步骤1和步骤2的"挂线、拉出"。

4 完成5针锁针。

引拔针

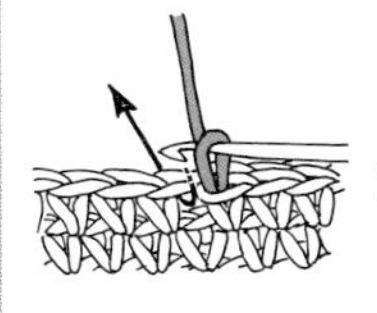

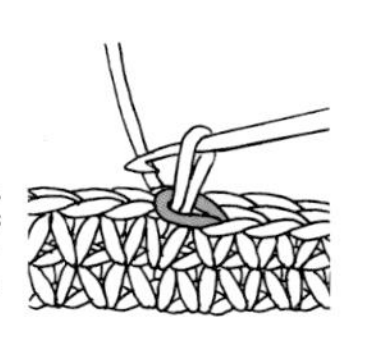

1 在前一行的针脚里插入钩针。

2 针头挂线。

3 一次性拉出线。

4 完成1针引拔针。

短针

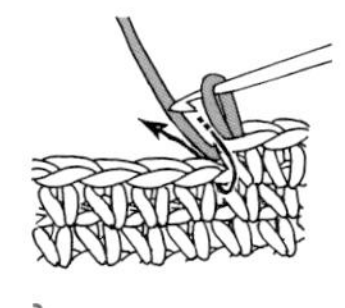

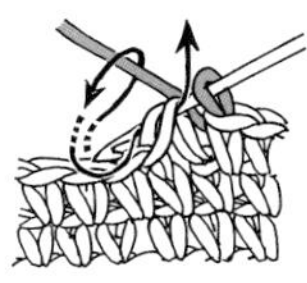

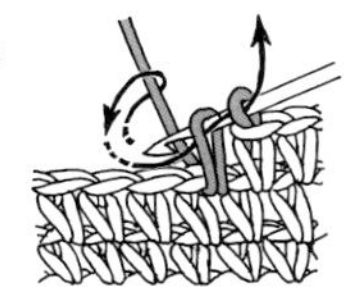

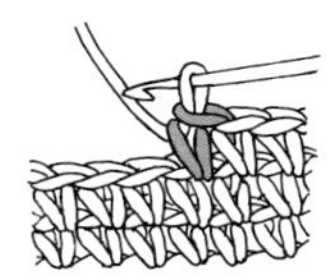

1 在前一行的针脚里插入钩针。

2 针头挂线，将线圈拉出至内侧（拉出后的状态叫作"未完成的短针"）。

3 针头再次挂线，一次性引拔穿过2个线圈。

4 完成1针短针。

中长针

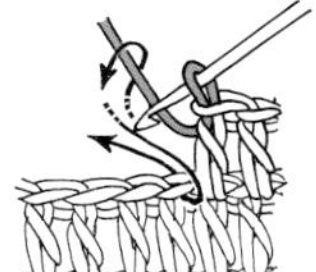

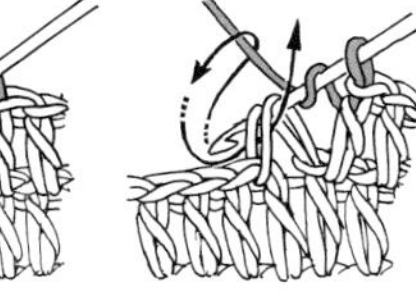

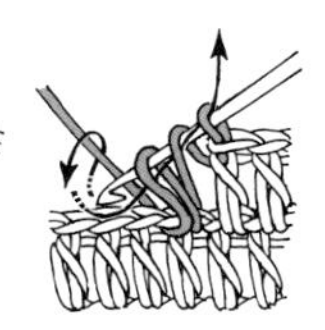

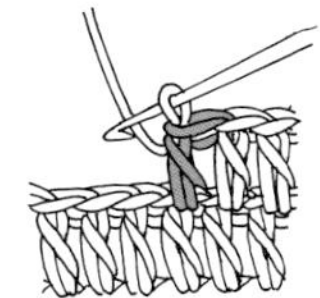

1 针头挂线，在前一行的针脚里插入钩针。

2 针头再次挂线，将线圈拉出至内侧（拉出后的状态叫作"未完成的中长针"）。

3 针头再次挂线，一次性引拔穿过3个线圈。

4 完成1针中长针。

长针

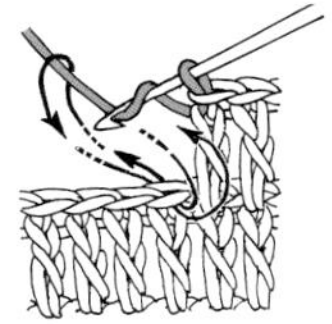

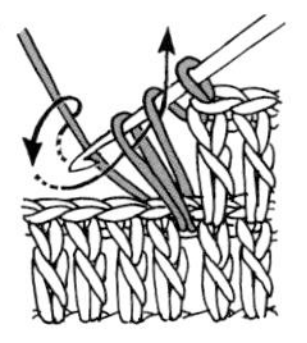

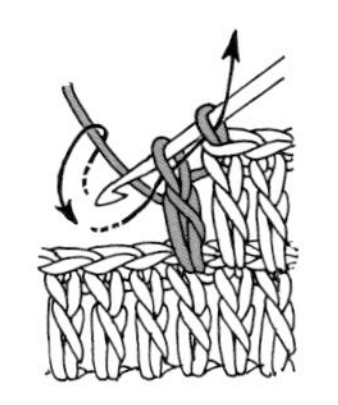

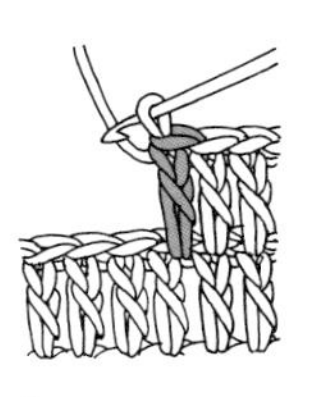

1 针头挂线，再次挂线后拉出至内侧。

2 如箭头所示，针头挂线，从2个线圈拉出（刚拉出线圈的状态称为"未完成的长针"）。

3 针头再次挂线，从剩余的2个线圈一起拉出。

4 完成1针长针。

长长针　三卷长针 =（●）

※ 长长针和三卷长针以外的情况，也用相同的要领，按对应次数编织对应的未完成针动作。

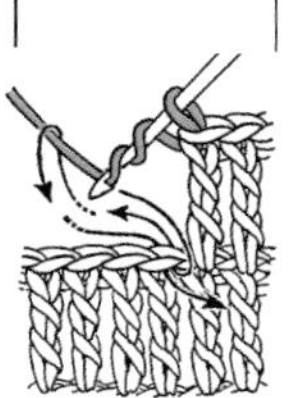

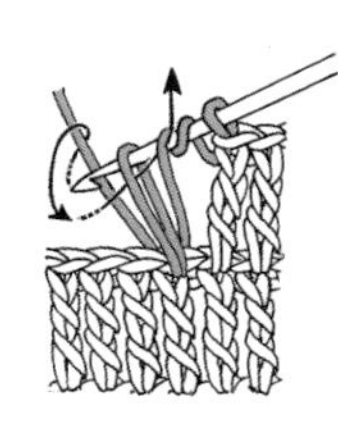

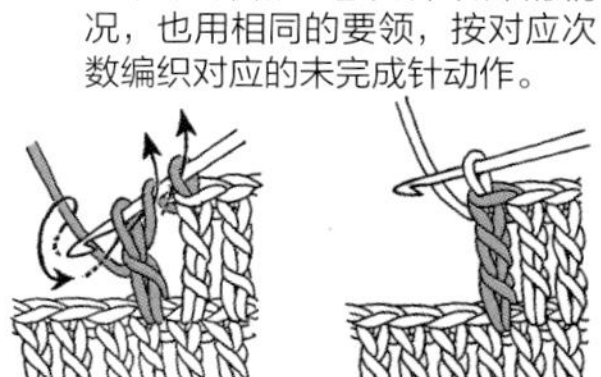

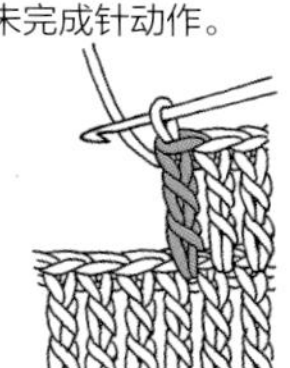

1 针头挂2圈线（● =3圈线），在前一行入针，再次挂线后拉出至内侧。

2 如箭头所示，针头挂线，从2个线圈拉出。

3 同样的动作再重复2次（● =3次）。
※ 第一次（● = 第二次）动作结束时的状态，称为"未完成的长长针"（● = "未完成的三卷长针"）。

4 完成1针长长针。

短针的条纹针

※ 短针以外的其他符号做条纹针编织时，也用相同要领，往前一行的对侧半针挑针，编织对应的符号。

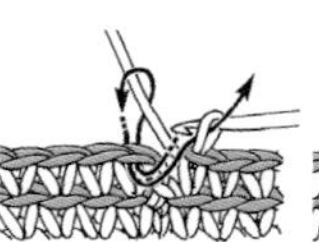

1
每一圈都面朝正面编织。编织完一圈短针时，与第一针作引拔连接。

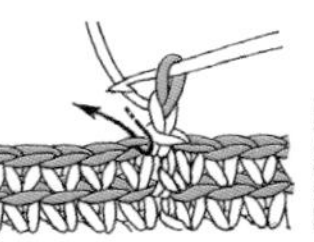

2
钩1针锁针作为起立针，往前一行的对侧半针挑针，编织短针。

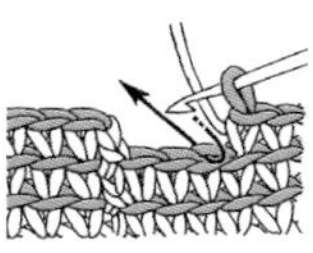

3
按步骤2的要领，重复编织短针。

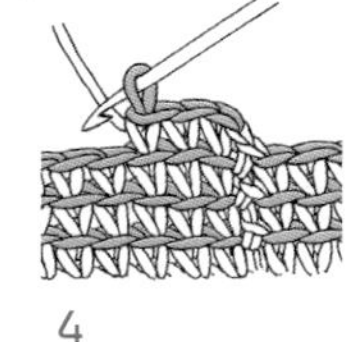

4
前一行的内侧半针呈现条纹状。图示为编织第3圈短针的条纹针的样子。

短针的棱针

※ 短针以外的其他符号做棱针编织时，也用相同要领，在前一行的对侧半针挑针，编织对应的符号。

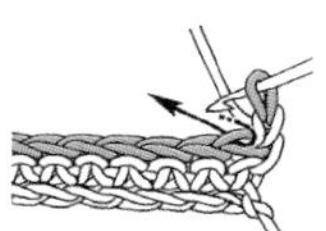

1
如箭头所示，在前一行对侧半针入针。

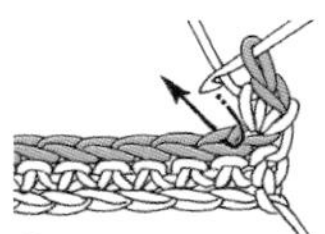

2
编织短针，下一针也同样在对侧半侧入针。

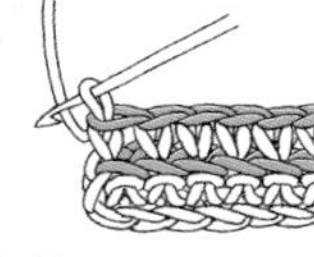

3
编织至一行终点，将织片翻面。

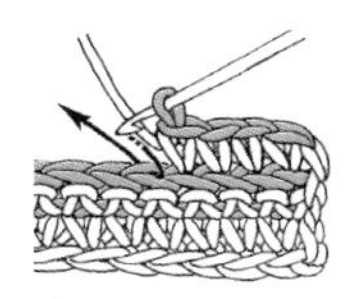

4
跟步骤1、2一样，在前一行对侧半针入针，编织短针。

短针1针分2针

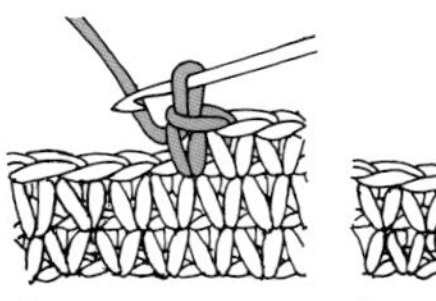

1
编织1针短针。

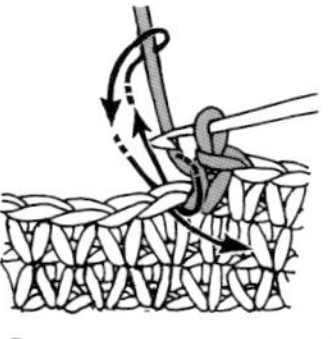

2
在同一针入针，拉出线圈，编织1针短针。

短针1针分3针

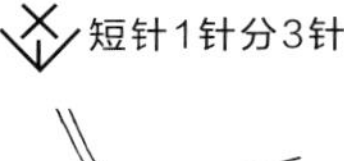

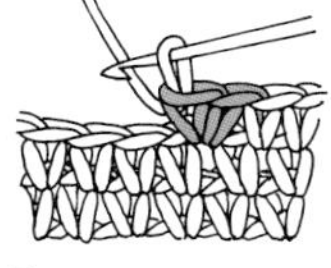

3
这是在同一针编织出2针短针的样子。在同一针入针，再钩1针短针。

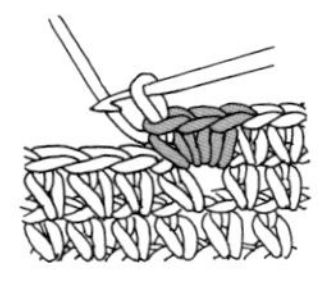

4
在前一行的同1针编织了3针短针的样子。比前一行增加了2针。

短针2针并1针

※ 针数在2针以上或短针以外的情况，也按相同要领，按对应的数量编织对应的未完成针动作，针头挂线，从挂在针头上的所有线圈一起拉出。

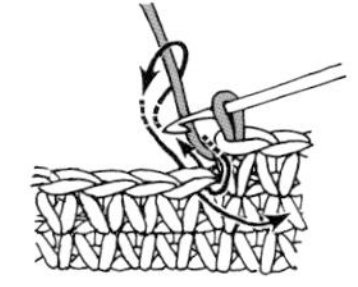

1
如箭头所示在前一行的针脚入针，拉出线圈。

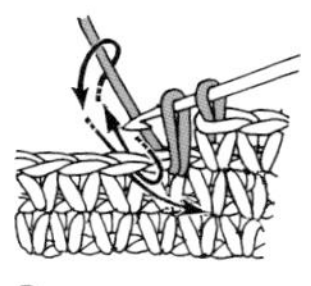

2
用同样的方法从下一针拉出线圈。

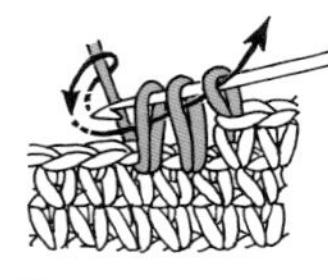

3
针头挂线，如箭头所示从3个线圈中一次性拉出。

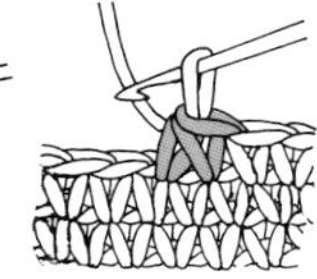

4
完成短针的2针并1针。比前一行减少了2针。

长针1针分2针

※ 针数在2针以上或长针以外的情况，也按相同要领，在前一行的同一针编织对应针数。

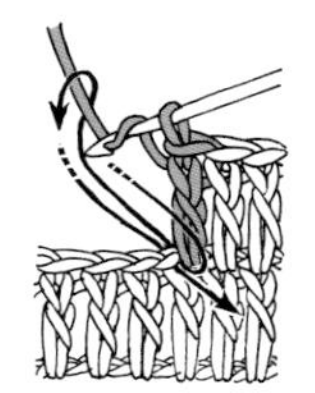

1
编织1针长针。针头挂线，在同一针入针，挂线拉出。

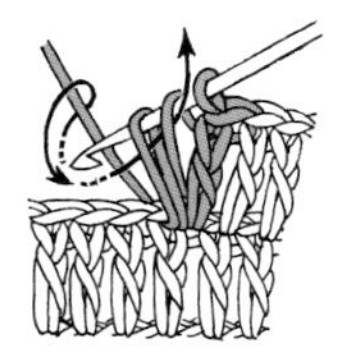

2
针头挂线，从2个线圈拉出。

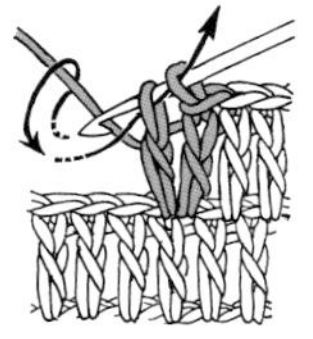

3
针头再一次挂线，从剩余的2个线圈中拉出。

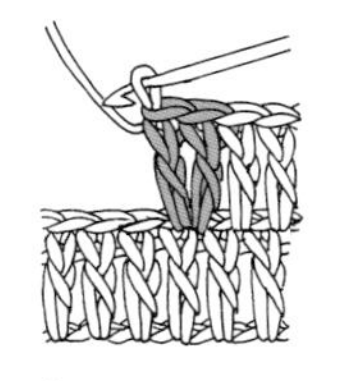

4
在同一针分出2针长针样子。比前一行增加1针。

长针2针并1针

※ 针数在2针以上或长针以外的情况，也按相同要领，按对应的数量编织对应的未完成针的动作，针头挂线，从挂在针头上的所有线圈一起拉出。

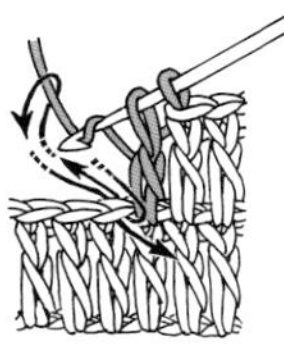

1
在前一行的1针中编织1针未完成的长针（参照p.11），针头挂线，下一针如箭头所示送入钩针挂线拉出。

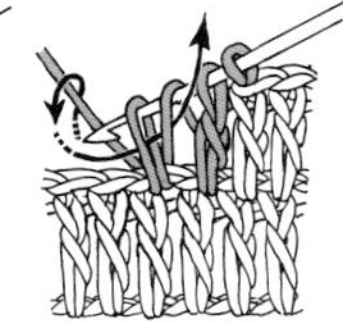

2
针头挂线，从2个线圈拉出，完成第2针未完成的长针。

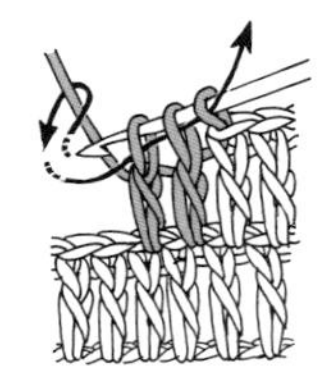

3
针头挂线，如箭头所示从3个线圈中一次性拉出。

4
完成长针2针并1针。比前一行减少1针。

3针长针的枣形针

※ 针数在3针以上或长针以外的情况，也按相同要领，从前一行的同一针里，按对应的数量编织对应的未完成的针法，按照步骤3的方法，针头挂线，从挂在针头上的所有线圈中一次性拉出。

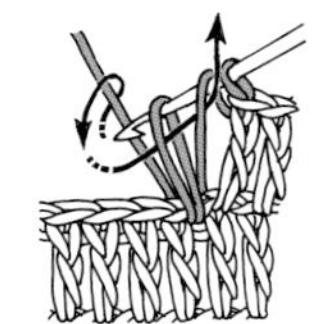

1
在前一行的针脚编织1针未完成的长针（参照p.77）。

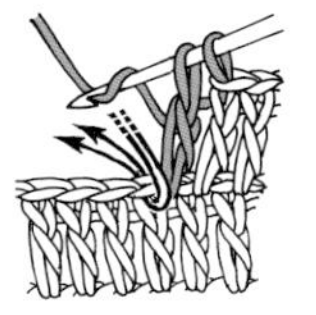

2
从同一针入针，继续编织2针未完成的长针。

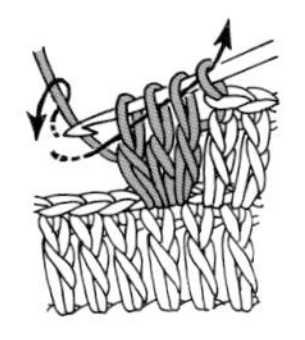

3
针头挂线，从挂在针头上的4个线圈中一次性拉出。

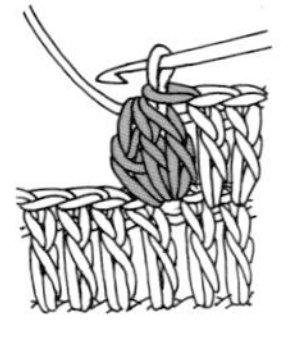

4
完成3针长针的枣形针。

变化的3针中长针的枣形针

※ 针数在3针以上或中长针以外的情况，也按相同要领，从前一行的同一针里，按对应的数量编织对应的未完成的针法，按照步骤2的方法从对应的线圈拉出，按照步骤3的方法，从挂在针头上的所有线圈中一次性拉出。

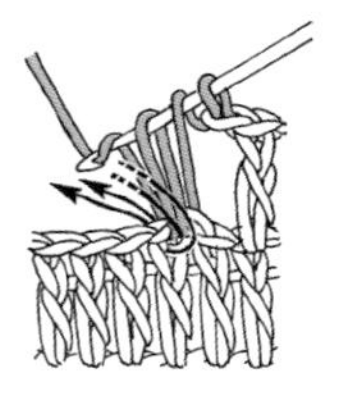

1
钩针在前一行的针脚中间，编织3针未完成的中长针（参照p.77）。

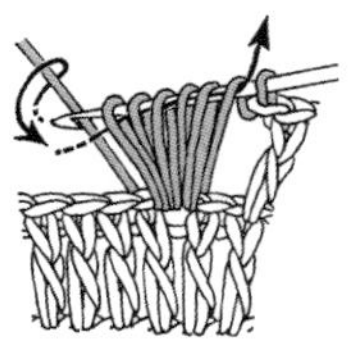

2
针头挂线，如箭头所示从6个线圈中一次性拉出。

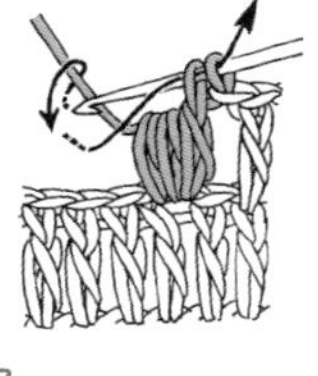

3
针头再次挂线，将剩余的针一起拉出。

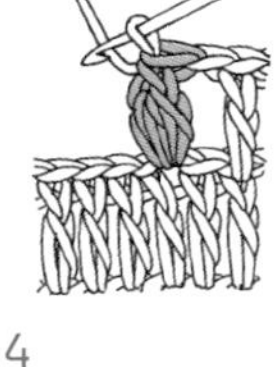

4
完成3针中长针的枣形针。

5针长针的爆米花针

※ 针数在5针以上的情况，也按与步骤1相同的要领，从同一针里按对应的针数来编织放针。

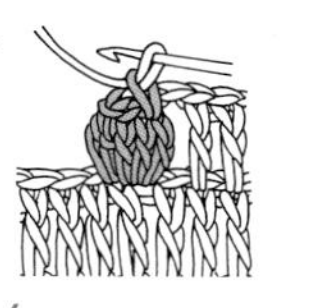

1
从前一行的同一针，编织长针1针分5针。暂时取下钩针，如箭头所示从第1针长针的头部入针，并重新穿起取下钩针的线圈。

2
把线圈直接拉到前侧。

3
接着编织1针锁针，收紧。

4
完成5针长针的爆米花针。

3针锁针的狗牙针

※ 针数在3针以上的情况，也按步骤1钩对应的针数，按相同的要领作引拔。

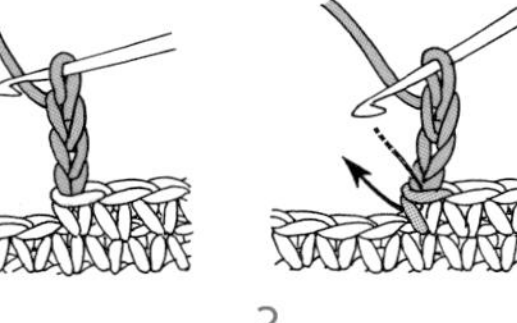

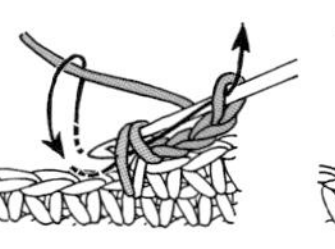

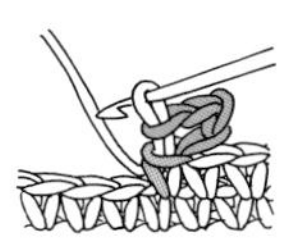

1
编织3针锁针。

2
挑起短针头部半针和根部1根线入针。

3
针头挂线，如箭头所示一次性拉出。

4
3针锁针的狗牙针完成。

外钩长针

※ 往返钩织时，反面行将此符号编织成内钩长针。
※ 长针以外的情况，也按相同的要领，按步骤1的箭头所示入针，按对应的符号编织。

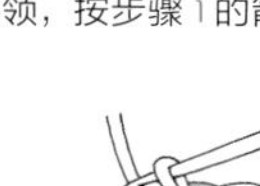

1
针头挂线，如箭头所示，从正面送入钩针，挑起前一行长针的针脚。

2
针头挂线，把线拉长。

3
针头再次挂线，从2个线圈拉出（刚拉出线圈的状态为外钩长针的未完成针）。再次重复同样的动作。

4
完成1针外钩长针。

内钩长针

※ 往返钩织时，反面行将此符号编织成外钩长针。
※ 长针以外的情况，也按相同的要领，按步骤1的箭头所示入针，按对应的符号编织。

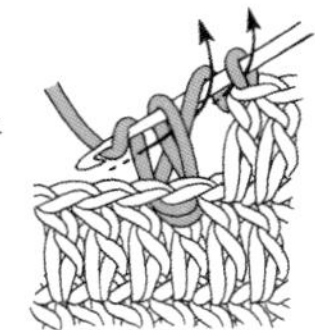

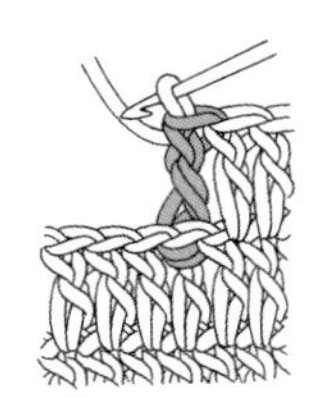

1
针头挂线，如箭头所示，从反面送入钩针，挑起前一行长针的针脚。

2
针头挂线，如箭头所示，往织物的对侧拉线。

3
拉长线圈，针头再次挂线，从针头上的2个线圈拉出（刚拉出线圈的状态为内钩长针的未完成针）。再次重复同样的动作。

4
完成1针内钩长针。

配色花样的编织方法（包裹着横向渡线编织的方法）

※ ● = 长针的情况，○ = 长长针的情况

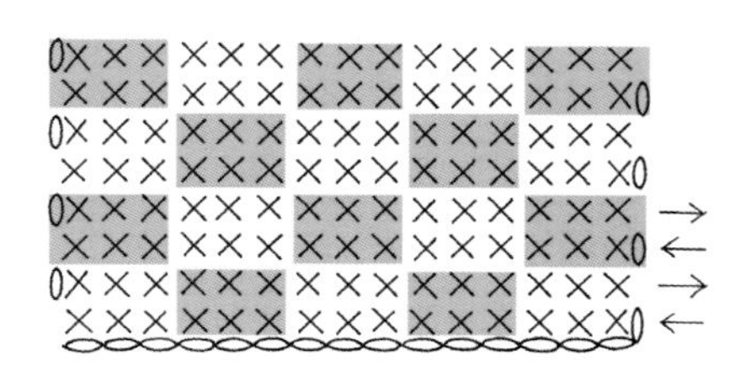

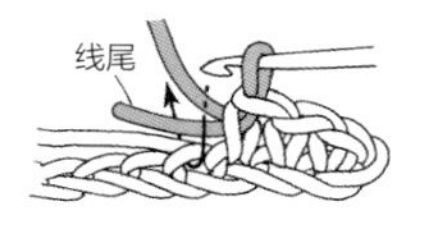

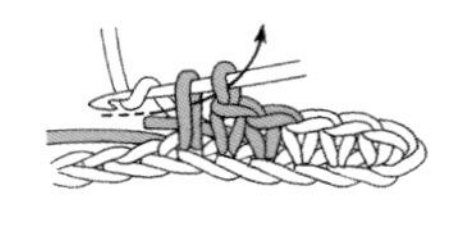

1
编织未完成的短针【● = 未完成的长针，○ = 未完成的长长针】（参照 p.77），将配色线（b色）挂在钩针上拉出。

2
拉出后的样子。接下来使用b色编织，并将底色线（a色）和b色的线尾包裹起来。因为线尾在编织过程已经被包裹住了，所以不需要藏线尾。

3
使用步骤1同样的方法，将编织线替换成底色线（a色），再次用a色编织短针。

罗纹绳的编织方法

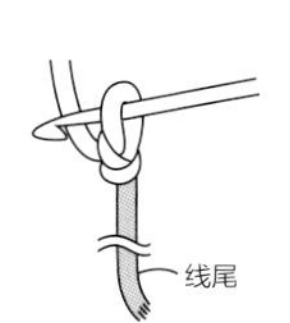

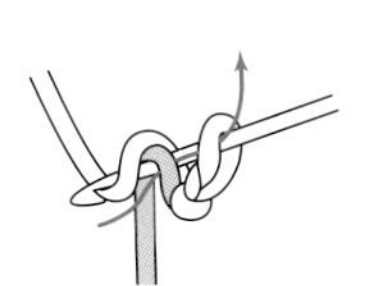

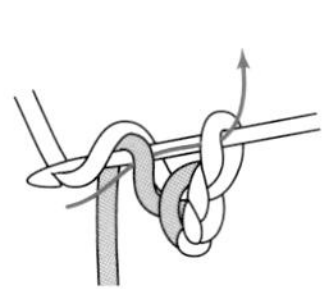

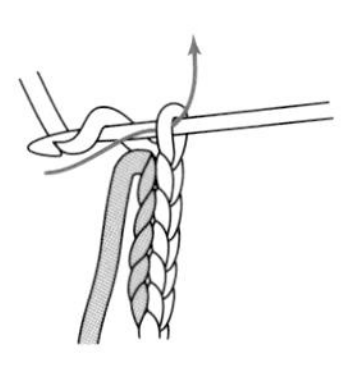

1
预留成品长度3倍的线尾，钩起起始针（参照 p.76）。

2
把下方的线尾从前往后挂在钩针上，将另一端的编织线挂在钩针上拉出。

3
重复步骤2，编织出所需的针数。

4
编织终点处，把线尾放下，只将编织线挂在钩针上拉出。

日文原版图书工作人员

书籍设计
ANBENYUKIKO/ 安倍雪子

摄影
小塚恭子（作品、线材样品）本间伸彦（制作过程）

造型
绘内友美

作品设计
池上舞 远藤裕美 冈真里子 冈本启子
镰田惠美子 河合真弓 chicorii 丰秀环奈（TOYOHIDEKANNA）

编织方法解说 绘图
中村洋子 松尾容巳子

步骤协助
河合真弓

原文书名：組み合わせが楽しい！かぎ針編みのパッチワーククロッシェ
原作者名：E&G CREATES
Kumiawase ga Tanosii! Kagihariami no Patchwork Crochet

著作权合同登记号：图字：01-2024-0902

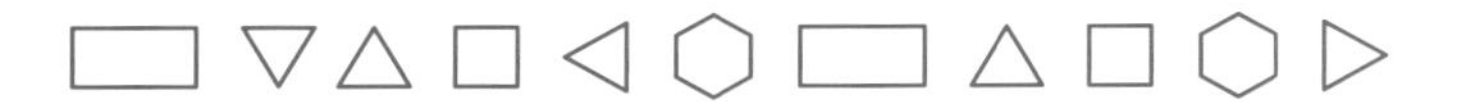

图书在版编目（CIP）数据

让钩编更好玩！无限创意花样图集 / 日本E&G创意编著；舒舒译. -- 北京：中国纺织出版社有限公司，2024.5（2025.2重印）
ISBN 978-7-5229-1390-2

Ⅰ. ①让… Ⅱ. ①日… ②舒… Ⅲ. ①钩针－编织－图集 Ⅳ. ①TS935.521-64

中国国家版本馆CIP数据核字（2024）第035309号

责任编辑：刘 茸　　特约编辑：张 瑶
责任校对：王花妮　　责任印制：王艳丽

中国纺织出版社有限公司出版发行
地址：北京市朝阳区百子湾东里 A407 号楼　邮政编码：100124
销售电话：010—67004422　传真：010—87155801
http://www.c-textilep.com
中国纺织出版社天猫旗舰店
官方微博 http://weibo.com/2119887771
北京华联印刷有限公司印刷　各地新华书店经销
2024 年 5 月第 1 版　2025 年 2 月第 3 次印刷
开本：787 × 1092　1/16　印张：5
字数：140 千字　定价：59.80 元